AF523918

Foto: Corinna Müller

Impressum

Dr. Carsten Schneider

Das Pantherchamäleon
Furcifer pardalis
1. Auflage, März 2011

ISBN 978-3-9811212-5-4

Fotos auf der Umschlagseite: Thorsten Geier
Fotos, wenn nicht anders angegeben: Dr. Carsten Schneider, Thorsten Geier

Alle in diesem Buch enthaltenen Empfehlungen und Hinweise wurden vom Autor mit größter Sorgfalt und nach bestem Wissen und Gewissen erstellt. Der Autor und/oder der Verlag können für Schäden, die infolge der Verwendung aller in Text und Abbildungen enthaltenen oder daraus zu entnehmenden Praxishinweise entstehen, nicht haftbar gemacht werden. Dies gilt besonders für Hinweise bzgl. des Baus von Gehegen aller Art, eingeschlossen ihre technische Ausstattung. Ziehen Sie ggf. zu jeder baulichen Maßnahme Fachleute hinzu. Beauftragen Sie mit Installation und Wartung stromführender Geräte immer einen Elektriker.

Thorsten Geier
Postfach 1111
35441 Biebertal
Telefon: +49 (0)6409 6619485
Telefax: +49 (0)6409 6619485
E-Mail: info@Kleintierverlag.de
Internet: www.Kleintierverlag.de

Fachlektorat: Hans - Dieter Philippen
Lektorat: Bernd Ehgart
Umschlag und Buchgestaltung: Katharina Feld Design

Dr. Carsten Schneider

Das Pantherchamäleon

Furcifer pardalis

Mit einem Beitrag von Tierarzt Kornelis Biron

Inhalt

Vorwort

Das Pantherchamäleon sticht selbst aus der Gruppe der Chamäleons aufgrund seiner bunten Farbenpracht hervor. Auch erfahrene Terrarianer bewundern das erstaunliche Verhalten der Tiere. Auf der Grundlage meiner Erfahrung aus 30-jähriger Terrarienhaltung und mittels faszinierender Fotos vermittelt der vorliegende Ratgeber viel von der Besonderheit dieser Gattung.

Allen in Gefangenschaft lebenden Tieren sollten optimale Haltungsbedingungen ermöglicht werden. Unter Berücksichtigung der folgenden Ratschläge lässt sich das Pantherchamäleon artgerecht halten. So können Sie eigene packende Beobachtungen machen und sich dauerhaft an den Tieren erfreuen.
Am Beispiel der Pantherchamäleon-Farbvariante *Diego Suarez* stellt dieses Buch alle zu einer erfolgreichen langjährigen Haltung und Zucht notwendigen Informationen in einem gut gegliederten Überblick zusammen und hilft, Fehler zu vermeiden, die die Freude an den Tieren trüben und den Chamäleons schaden könnten.

Genießen Sie den Einblick in die Welt dieser Exoten – auch dann, wenn Sie Pantherchamäleons nicht selbst halten wollen.

Und nun wünsche ich Ihnen viel Vergnügen beim Lesen und beim Betrachten der wunderbaren Bilder.

Herzlichst
Ihr Dr. Carsten Schneider

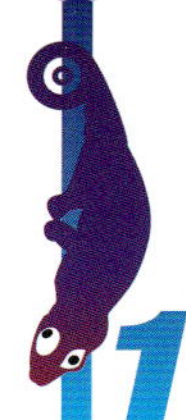

1 Ursprungshabitat und Verbreitung

Foto:
Josef Niedermeier,
Focuswelten

Ursprungshabitat und Verbreitung

Furcifer pardalis *im Ursprungshabitat, Foto: Josef Niedermeier, Focuswelten*

Verbreitungsgebiete des Pantherchamäleons sind küstennahe Regionen an der Nordspitze Madagaskars sowie einige vorgelagerte Inseln (Nosy Be, Nosy Boraha u. a.).

Terra typica ist die Insel Mauritius. Nachdem *Furcifer pardalis* dort eine zeitlang nicht mehr nachgewiesen werden konnte, gibt es hier jetzt wieder, wohl vom Menschen angesiedelte, stabile Populationen – ebenso wie auf der Insel La Réunion. Zudem wurde *Furcifer pardalis* im US-Bundesstaat Kalifornien ausgewildert und dort in stabilen, aber noch lokalen Populationen beobachtet (Necas 2010).

Bei geeigneten Lebensbedingungen ist mit einem weiteren Vorkommen der Tiere zu rechnen, wenn sie ausgesetzt worden sind, wobei dieses natürlich nicht gefördert werden sollte.

Furcifer pardalis kommt in den o. g. Verbreitungsgebieten der gemäßigt feuchtheißen Küstenregionen vor. Die Lebensräume liegen in Höhen bis 1.200 m ü. NN und zeigen sehr unterschiedliche Klimaprofile. Entsprechend unterschiedlich sind Luftfeuchtigkeit und Temperatur. Die Tageshöchstwerte erreichen bis 40 °C, die Nachttiefstwerte betragen etwa 16 °C, die relative Luftfeuchtigkeit liegt bei 70–100 %. Der klimatische Jahreszyklus besteht aus einer sehr langen Regenzeit (November bis März) und einer „Trockenperiode" (im Rest des Jahres), wobei es selbst dann an der Küste sehr feucht ist. Einen bevorzugten Biotoptyp gibt es nicht. Die Tiere halten sich auf Küstendünen, in Sträuchern, an Regenwaldrändern, in Bäumen, Palmen und als Kulturfolger auch in der Nähe des Menschen (z. B. Gärten, Feldränder, Zäune) auf. Dichte Regenwälder werden allerdings aufgrund der geringen Sonneneinstrahlung gemieden.

Obwohl das Pantherchamäleon sehr anpassungsfähig ist, hat sich die Kenntnis des Herkunftsortes und des dort herrschenden Klimas für eine optimale Haltung als sehr nützlich erwiesen.

Für Nachzuchten relativiert sich diese Aussage natürlich etwas, weil sich ein Gewöhnungseffekt einstellt und die Elterntiere aus unterschiedlichen Gebieten stammen können.

Verbreitungsgebiete des Pantherchamäleons

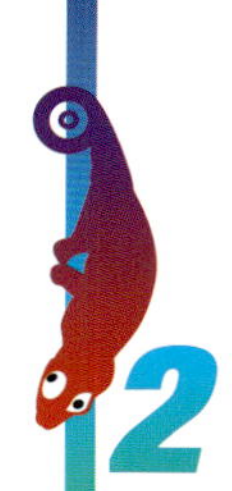

Kurze Systematik und Entwicklungsgeschichte

Kurze Systematik und Entwicklungsgeschichte

Der Name „Furcifer" bezieht sich auf die gegabelten Nasenfortsätze

Die Familie der Chamäleons *(Chamaeleontidae)* zählt innerhalb der Klasse der Kriechtiere *(Reptilia)* zur Ordnung der Schuppenkriechtiere *(Squamata)* und hier zur Unterordnung der Echsen *(Sauria)*.

Zusammen mit den beiden Familien der Leguane und der Agamen gehört sie zur Zwischenordnung der leguanartigen Echsen *(Iguania)*.

Nach KLAVER/BÖHME (1986) wird die Familie der Chamäleons in 2 Unterfamilien unterteilt:

1. Echte Chamäleons (Chamaeleoninae) mit den 7 Gattungen:
Bradypodium,
Calumma,
Chamaeleo,
Trioceros
Kinyongia,

Nadzikambia und Furcifer;

2. Erd- oder Stummelschwanzchamäleons (Brookesiinae) mit den 2 Gattungen: Brookesia und Rhampholeon.

Nach der Erstbeschreibung durch Cuvier 1829 („Le Règne Animal ...", Bd. 2, S. 60 f.) wurde das Pantherchamäleon zunächst in die Gattung *Chamaeleo* gestellt, 1986 aber durch Klaver/Böhme entsprechend o. g. Gliederung der Gattung *Furcifer* zugeordnet.

Der Gattungsname *Furcifer* ergibt sich aus dem Lateinischen (*furca* = Gabel sowie *ferre* = tragen, also „gabeltragend") und bezieht sich auf die gegabelten Nasenfortsätze.

Die einzelnen Populationen (insbesondere die Männchen) aus den verschiedensten Gebieten unterscheiden sich farblich zum Teil erheblich voneinander, trotzdem sind sie bisher nicht als Unterarten anerkannt.

Um die Standortvarianten zu erhalten, sollte bei Nachzuchten die Auswahl der passenden Elterntiere Berücksichtigung finden.

Verdeutlichung der Gabelung

Beschreibung 3

Foto: Martin Zurmühle

Beschreibung

Ein prachtvolles Chamäleon-Männchen im Terrarium

Furcifer pardalis gehört zu den großen Chamäleonarten. Die Männchen werden knapp 50 cm lang und bei sachgerechter Haltung 4–8 Jahre alt.

Die Weibchen bleiben mit bis zu 35 cm deutlich kleiner und leben bei mehreren Eiablagen nur 2–4 Jahre.

Von der Gesamtlänge entfällt die Hälfte jeweils auf den Schwanz. In freier Natur erreichen allerdings aufgrund von Krankheiten, Nahrungsknappheit, Fressfeinden und häufigen Eiablagen nur wenige Exemplare das 3. Lebensjahr.

Ein gesundes Chamäleon-Weibchen

Eine Häutung kann bis zu 3 Tage dauern

Die Tiere zeigen einen Rückenkamm, der wie ihr Kehlkamm mit Stachelschuppen besetzt ist. Die Oberkante der Schnauze hat bei den adulten (geschlechtsreifen) Männchen auffällige Tuberkelschuppen, wodurch unechte Hörner oder sogar eine „Schaufel" an der Schnauzenspitze entstehen. Unechte Hörner bestehen nur aus Hautschuppen, während echte Hörner mehrere Hornschichten besitzen.

Der Körper trägt Schuppen, die je nach Körperregion von unterschiedlicher Größe sind. Da die oberste Hautschicht (Epidermis) verhornt ist und nicht mitwachsen kann, häuten sich die Tiere in unregelmäßigen Abständen. Dabei bilden sich mehrere kleine Hautfetzen. Der gesamte Vorgang kann 1–3 Tage dauern und wird von den Tieren aktiv durch Scheuern an Ästen unterstützt. Diese Hautfetzen werden zum Teil als Nährstoffquelle (z. B. Kalk, Vitamin E u. a.) sofort wieder gefressen.

Die Körperform der Tiere ist perfekt an ihre Lebensweise als Baumbewohner angepasst. Rumpfmuskeln und die Lungensäcke ermöglichen es *Furcifer pardalis,* seinen Körper in Blattform zu bringen. Hierbei wirken Pantherchamäleons sehr hoch und schmal. Diese spezielle Körperform hilft bei der Balz, beim Drohen, beim Verstecken hinter dünnen Stämmen und beim optimalen Ausnutzen der Sonnenstrahlen zum Aufwärmen.

Chamäleons besitzen Greiffüße, bei denen der 2. und der 3. Zeh von fünfen zusammengewachsen sind; vorne finden sich außen 3 und innen 2 Zehen – hinten genau umgekehrt. Hiermit können sie sich auch in schaukelndem Geäst sicher bewegen. Dabei hilft ihnen als „5. Fuß" der weder abwerfbare noch regenerierbare Greifschwanz.

Innerhalb seines großen Verbreitungsgebietes hat das Pantherchamäleon (insbesondere bei den adulten Männchen) zahlreiche Farbvarianten entwickelt. Deren vollständige Beschreibung würde den Rahmen dieses Ratgebers sprengen (vgl. MÜLLER/LUTZMANN/WALBRÖL 2007).

Den Färbungen der Männchen ...

Die in vorliegendem Buch gezeigten Tiere gehören hauptsächlich zur Farbvariante *Diego Suarez*. Insgesamt verfügen adulte Männchen von *Furcifer pardalis* über die komplette Farbskala. Selbst die Farben Blau, Türkis, Rot und Orange sind möglich. Weibchen zeigen vor allem Braun- und Rottöne mit schwarzen Zeichnungselementen. Jungtiere hingegen haben nach dem Schlupf eine dunkelbraune Färbung, die sich

dann langsam aufhellt. Erst mit Erreichen der Geschlechtsreife nach 6–9 Monaten erlangen sie ihre endgültige Färbung.

Allen Farbvarianten gemeinsam ist ein Lateralstreifen aus unterschiedlich großen ovalen Flecken, der sich farblich immer etwas abhebt. Die spektakulärsten Farbkombinationen präsentieren Männchen während der Balz, beim Erblicken eines Weibchens oder bei Blickkontakt mit einem männlichen Rivalen. Das Weibchen zeigt sein schönstes Farbkleid mit kräftigem Ziegelrot und kontrastreicher Zeichnung beim Erblicken eines Männchens als Abwehrreaktion bzw. im bereits graviden (trächtigen) Zustand.

Farbwechsel entstehen bei Stimmungsschwankungen innerhalb weniger Sekunden, außerdem als Reaktion auf wechselnde klimatische Bedingungen und sind Ausdruck des Gesundheitszustandes der Tiere. Sie dienen vorrangig der innerartlichen Kommunikation und im Falle des Pantherchamäleons, wenn überhaupt, nur untergeordnet der Anpassung an die Umgebung.

... sind keine Grenzen gesetzt

Sie zeigen alle denkbaren Farbkombinationen

Mit den Greiffüßen immer sicher im schaukelnden Geäst und die Umgebung im Blick

Die hochspezialisierten Augen können unabhängig voneinander bewegt werden und suchen unermüdlich die Umgebung nach Artgenossen, Feinden oder Beute ab.

Chamäleons verfügen, ohne den Kopf zu bewegen, über eine Rundumsicht von fast 360°.

Erst zum Scharfstellen der Linsen, z. B. kurz vor dem Zungenschuss, fokussieren die Augen das Objekt.

Ein aufgebracht fauchendes Männchen

Beschreibung

Dabei wird durch Akkommodation (Kontraktion der Augenmuskeln) das Abbild der Beute auf der Netzhaut scharfgestellt und so die Entfernung zum Objekt bestimmt.

Gehör- und Geruchssinn haben sich im Laufe der Evolution weit zurückgebildet. Das Trommelfell fehlt, Schall kann allenfalls in Form von Vibrationen wahrgenommen werden. Nach neuesten Erkenntnissen ist auch der Geschmackssinn nicht sehr differenziert.

Bei Bedrohung lassen Pantherchamäleons ein Fauchen, Zischen oder leises Quietschen hören.

Der Schleuderzungenmechanismus, mit dem die Beute in Bruchteilen einer Sekunde ins Maul befördert wird, beeindruckt den Beobachter immer wieder.

Die 1. Phase des 5-phasigen Zungenschusses

Hierbei werden die Futtertiere von einem keulenförmigen Zungenmuskelende umklammert und zusätzlich von einem klebrigen Sekret gehalten. Der gesamte komplexe Zungenschuss läuft in 5 Phasen ab und erreicht eine erstaunliche Schussweite von etwa der Gesamtlänge des jeweiligen Tieres. *Furcifer pardalis* ist aber auch in der Lage, ohne Zungenschuss Obst und Insekten in seiner Nähe mit dem Maul direkt zu packen.

Mit großen Schwüngen hangelt sich ein Männchen von Ast zu Ast

Auf diese Weise können sich auch kranke oder ältere Tiere mit Zungenschwäche noch ernähren.

Erwachsene Tiere zeigen sehr deutlich ausgeprägte Geschlechtsunterschiede. Männchen sind viel bunter und größer als Weibchen, tragen die o. g. unechten Hörner, auf der Schnauzenspitze die sog. „Schaufel", haben eine verdickte Schwanzwurzel und höhere Helme bzw. Kämme.

Bei Jungtieren lassen sich die Geschlechter eindeutig erst mit Eintreten der Adultfärbung (ab einem Alter von ca. 5 Monaten) unterscheiden. Oft weisen weibliche Tiere unmittelbar nach dem Schlupf eine Rotfärbung der Zwischenschuppenhaut (Interstitial-Haut) im Kehlbereich auf und zeigen insgesamt eine beige-bräunliche Neutralfärbung. Die jungen Männchen sind eher grau-grünlich mit deutlicheren Querstreifen.

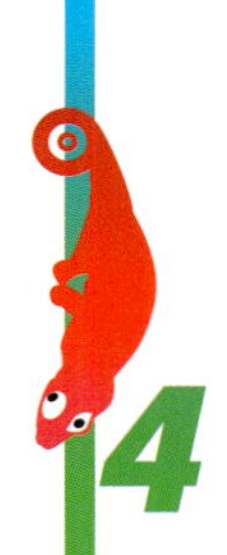

Verhalten

Erst wenn die Vorzugstemperatur erreicht ist, zeigt sich das prächtige Farbkleid

Furcifer pardalis ist ein tagaktiver und gegenüber Artgenossen unverträglicher Einzelgänger. Als wechselwarmes Tier benötigt er nach der Nachtruhe ein ausgiebiges Sonnenbad. Hierbei nimmt das Chamäleon zunächst eine dunkle Farbe an und reckt sich mit größtmöglicher Körperoberfläche der Sonne bzw. dem Spotstrahler entgegen. Erst wenn es seine Vorzugstemperatur erreicht hat, zeigt es sein typisches Farbkleid und geht auf Nahrungssuche. Steigen die Temperaturen gegen Mittag auf über 28 °C an, ziehen sich die Tiere in den

Färbung im Schlaf

Schatten zurück und weisen hellere Farben auf. Wie auch von anderen Reptilien bekannt, sind Pantherchamäleons in der Lage, sich durch Hecheln etwas abzukühlen.

Bei starkem Hunger gehen die Tiere zwar auch aktiv auf Nahrungssuche, aber meist warten sie als Lauerjäger *(„sit-and-wait predator“)* versteckt auf mögliche Beute.

Begegnet *Furcifer pardalis* einem Artgenossen, führt er kurze Nickbewegungen aus und wartet auf dessen Reaktion (Körperform, Färbung). Wenn sein Gegenüber erkannt und eingeschätzt ist (Artzugehörigkeit, Geschlecht, Stimmung), erfolgt die Gegenreaktion.
Treffen Männchen aufeinander, präsentieren beide schon von weitem ein buntes Farbkleid und zeigen sich gegenseitig ihre vergrößerten Flanken, bis eines (meist der Reviereindringling bzw. der Kleinere) die Flucht ergreift. Begegnen sich gleichstarke Tiere, kommt es zu einem Kommentkampf nach festen Regeln: Die Kontrahenten gehen „markig“ gefärbt, mit größtmöglich ausgeprägten Flanken langsam aufeinander zu und öffnen fauchend das Maul. Sollte dies den Gegner nicht zur Aufgabe bewegen, kommt es zu heftigen Stößen und Beißereien, bis einer der beiden mit abgedunkeltem Farbkleid das Weite sucht. Schwerere Verletzungen mit tödlichem Ausgang kommen selten vor.
Da die Männchen ihre volle Farbpracht erst durch Sichtkontakt mit anderen Männchen entfalten, werden sie von einigen Züchtern bewusst in im Abstand von einigen Metern aufgestellten Terrarien gehalten. Es kommt nicht zu Dauerstress, da die

jeweiligen Territorien abgesteckt bleiben und Grenzen nicht überschritten werden können. Auch ein Spiegel in entsprechendem Abstand hat einen vergleichbaren Effekt auf die Färbung. Sollte ein ständiger Sichtkontakt allerdings zu Dauerstress führen, muss er unterbunden werden.

Weibchen gegenüber verhalten sich die Männchen nicht aggressiv. Bei fehlender Paarungsbereitschaft drohen die Weibchen den Männchen bzw. attackieren sie bei zudringlichem Verhalten ggf. mit Bissen. Weibchen und Jungtiere sind untereinander zwar verträglicher, sollten aber ebenfalls langfristig nicht gemeinsam untergebracht werden. Ein ähnliches Verhalten der Chamäleon-Männchen kann man auch gegenüber Menschen beobachten. Wenn jemand bunte Kleidung trägt, werden sie besonders nervös und reagieren wie auf einen männlichen Kontrahenten.

Auch konnte ich gelegentlich ein Kopfnicken bzw. Körperzittern als Reaktion auf das Erblicken eines farbig gekleideten Menschen beobachten. Die innerartliche Aggression ist auch bei Weibchen vorhanden, aber schwächer ausgeprägt.

Allgemein verhält sich das Pantherchamäleon Menschen gegenüber ruhig. Es beobachtet seine Umgebung genau und lernt schnell, ob von ihr Gefahr ausgeht. Wenn nicht, zeigen die Tiere sehr bald keine Anzeichen von Stress mehr und gewinnen zunehmend Vertrauen. Dieses Verhalten erleichtert den Umgang mit den Chamäleons natürlich erheblich. Einige Tiere erweitern ihren Bewegungsraum durch freiwilliges Aufsuchen der Hand des Halters und anschließenden Zimmerspaziergang. Trotzdem ist *Furcifer pardalis* wie alle Reptilien kein „Schmusetier“, welches ständig berührt werden möchte. Um unnötigen Stress zu vermeiden, sollten die Tiere überwiegend im Terrarium belassen werden. Wenn ein Herausfangen unbedingt nötig ist, sollte das Tier nicht direkt gegriffen, sondern die eine Hand sollte langsam unter den Bauch geschoben werden. Nach ggf. einem Zurechtrücken dient sie nun als neuer Sitzplatz. Auf die Tiere sollte jederzeit Obacht gegeben werden, da sie sich plötzlich zu Boden fallen lassen können. Halten Sie die andere Hand bereit, um das Tier, falls nötig, auffangen zu können. Auch ohne eine direkte Beziehung aufzubauen, sind die Tiere durch Konditionierung in der Lage, bestimmte Reaktionen oder Personenerkennung zu erlernen. Das Verhalten der Tiere kann individuell sehr unterschiedlich sein. So gibt es bei beiden Geschlechtern, auch aus derselben Nachzuchtgeneration, sehr zahme, fast aufdringliche, aber auch sehr scheue Tiere, die sich schon bei Sichtkontakt mit dem Halter verstecken. Bei zu schneller Näherung betrachtet das Chamäleon die Hand des Menschen als Bedrohung und kann schmerzhaft zubeißen. Auf der Flucht sind die Tiere erstaunlich schnell und sogar zu kleinen Sprüngen fähig. Sollte ein Tier permanent dunkle Farben zeigen, müssen die Haltungsbedingungen überprüft und geändert werden (z. B. Beginn mit einer Einzelhaltung der Jungtiere).

Nachts schlafen die ausgewachsenen Tiere meist auf demselben, möglichst bequemen Ast im Terrarium. Dann zeigen sie eine deutlich hellere Färbung. Die Jungtiere bevorzugen zum Schlafen die obersten Blätter und feinen Astenden.

Artenschutz 5

Ein adultes Männchen hat die nächste Mahlzeit fest im Blick

Das als sehr anpassungsfähige Art bekannte Pantherchamäleon ist zurzeit in seinem Heimatland nicht vom Aussterben bedroht. Es steht wie alle Chamäleons nach der Bundesartenschutz-Verordnung (BArtSchV) unter Artenschutz. Im Washingtoner Artenschutzabkommen wird es in Anhang II (mittelgradige Schutzbedürftigkeit) aufgeführt. Entsprechend ist es in Anhang B der EU-Artenschutzverordnung gelistet. *Furcifer pardalis* unterliegt somit den CITES-Bestimmungen (Convention on International Trade in Endangered Species). Es besteht zwar keine CITES-Bescheinigung-Pflicht mehr, aber unmittelbar nach Anschaffung eine Meldepflicht bei der im jeweiligen Bundesland zuständigen Behörde. Dazu informiert man die Behörde schriftlich (ggf. auf entsprechenden Vordrucken) über Anzahl, Art, Geschlecht, Alter und besondere Kennzeichen der Tiere. Auf Verlangen muss z. B. der Unteren Naturschutzbehörde ein entsprechender Herkunftsnachweis (Kaufvertrag, Nachzuchtbescheinigung) mit Name und Adresse des Verkäufers vorgelegt werden können. Beim Erwerb eines Chamäleons sollte daher darauf geachtet werden, dass man die Herkunftsbescheinigung oder Einfuhrgenehmigungsnummer erhält. Die von der Behörde gewünschte Handhabung bezüglich eigener Nachzuchten oder häufig wechselnden Populationen sollte mit dem zuständigen Sachbearbeiter individuell besprochen werden.

Die aktuellen Rechtsvorschriften (EU-Artenschutzrecht mit Anhang A–D vom 1. 7. 1997) zu Kauf, Besitz, Zucht, kommerzieller Nutzung, Ein- und Ausfuhr kann man beim Bundesanzeiger Verlag GmbH, Postfach 100534, 50445 Köln beziehen.

Zwar noch nicht Pflicht, aber sehr sinnvoll ist ein Sachkundenachweis. Er besteht in einem genormten Test, in dem Wissen über Reptilien/Amphibien und deren Haltung von zertifizierten Organisationen wie die DGHT (Deutsche Gesellschaft für Herpetologie und Terrarienkunde) e.V., Tierärzten u. a. abgefragt und bei Bestehen bescheinigt wird. Der Nachweis belegt, dass der Inhaber sich wenigstens theoretisch mit dem Thema Terraristik auseinandergesetzt hat.

Generell sind die Tiere als nicht genehmigungspflichtige Kleintiere selbst in kleinen Mietwohnungen vom Vermieter zu dulden. Kommt es allerdings durch entlaufene Futtertiere zu einer Belästigung anderer Mieter oder besteht die Gefahr einer Ungezieferverbreitung, kann der Vermieter die Haltung der Tiere trotzdem untersagen.

6 Anschaffung

Die Beachtung der Gesundheit eines Tieres ist beim Erwerb besonders wichtig

Vor der Anschaffung eines Pantherchamäleons sollte sich jeder Interessent entsprechende Literatur besorgen und Kontakt zu einem erfahrenen Chamäleonhalter suchen – innerhalb der DGHT e.V. gibt es Gruppierungen von Chamäleon-Freunden.

Erst wenn ein geeignetes Terrarium fertig eingerichtet bereitsteht, die erforderlichen Klimaparameter getestet wurden, die Futterbeschaffung und eine Urlaubsvertretung auch langfristig zur Verfügung stehen, sollte ein Tier erworben werden.

Von Spontankäufen rate ich dringend ab. Ebenso können Kinder Chamäleons nicht halten, ohne dass ein Erwachsener ein wachsames Auge darauf hat.

Da es heute kein Problem mehr darstellt, gesunde Nachzuchten jeden Alters aus Züchterhand zu

erwerben, sollte von Wildfängen aus verschiedenen Gründen Abstand genommen werden.
Der Erwerb direkt aus Züchterhand hat den Vorteil, dass man wichtige Tipps zur Haltung und Pflege sowie Informationen über individuelle Eigenarten oder Vorlieben des erstandenen Tieres aus erster Quelle erhält.

Auch das genaue Alter einer Nachzucht und die optimalen Haltungsbedingungen können so besprochen werden.
Dies ist beim Pantherchamäleon insbesondere dann wichtig, wenn seine Vermehrung geplant wird, da sich Tiere aus verschiedenen Herkunftsgebieten oft nicht unbedingt fruchtbar miteinander verpaaren.
Abgabebereite Züchter findet man auf Reptilien-Börsen, im Internet (z. B. unter www.reptilienserver.de; www.terraristik.com; www.agamen.de) oder direkt über die Arbeitsgemeinschaft „Chamäleons“ der DGHT e.V (zur Adresse siehe Kapitel „Weitere Informationen”).

Auch Zoohandlungen mit einer großen Terraristikabteilung oder reine Terraristikhandlungen verkaufen mittlerweile hauptsächlich Nachzuchten.

Wildfänge sind durch eine schlechte Haltung nach dem Fang und den Transport oft geschwächt. Außerdem ist bei ihnen von Parasitenbefall auszugehen.

Selbstverständlich sollten nur äußerlich gesund erscheinende Tiere erworben werden (siehe Kapitel „Krankheiten und deren Therapiemöglichkeiten“).
Der Gesundheitszustand eines Tieres lässt sich durch genaues Beobachten und Untersuchen meist leicht beurteilen.

Das Tier sollte tagsüber aktiv sein und nicht schlafen. Die Augen müssen geöffnet sein, prall aus den Augenhöhlen herausstehen und die Umgebung wachsam beobachten.

Gesunde Tiere sind tagaktiv ...

... und bewegen sich lebhaft

Die Haut darf nicht faltig vom Körper hängen oder noch von Hautresten bedeckt sein.

Der Schwanz sollte nicht verkrüppelt sein oder nur aus Haut und Knochen bestehen. In Ruhe ist er schneckenförmig aufgerollt.

Besonders an den Beinen sieht man einen Vitaminmangel (Rachitis) oder andere Stoffwechselerkrankungen sehr gut. Dann sind die Gelenke verdickt und die Extremitäten deformiert.

Dadurch können sich die Tiere auf Kletterästen nur ungeschickt fortbewegen oder sitzen am Boden.

Das Maul sollte hart, nicht verformt und nicht entzündet sein.

Die Atmung sollte gleichmäßig bei geschlossenem Mund erfolgen und Schleim nicht austreten.

Außerdem dürfen Becken- und Rippenknochen nicht zu erkennen sein.

Achten Sie auch auf Verletzungen, Verbrennungen und Knochenbrüche.

Ein gesundes Tier in Ruhe zeigt zwar satte, aber nicht ständig leuchtende Farben.
Beim Einfangen sollten die Tiere flink fliehen oder mit geöffnetem Maul drohen.
Der Kot muss oval und trocken, nicht aber flüssig bzw. schleimig sein, oder gar faulig riechen.
Lassen Sie sich einen Fress- und Trinkvorgang zeigen, um die Zungenfunktion zu überprüfen (siehe Kapitel „Krankheiten und deren Therapiemöglichkeiten").
Gerade ein Halter mit nur geringen Vorkenntnissen sollte die Nachzuchten erst ab einem Alter von mindestens 2, besser 3 Monaten erwerben, da jüngere Tiere sehr stressempfindlich auf eine neue Umgebung reagieren und erheblich höhere Ansprüche stellen.
Sehr große Tiere weisen hingegen auf ein fortgeschrittenes Alter hin und haben daher naturgemäß eine nur noch kurze Lebenserwartung. Am besten steht beim Kauf ein erfahrener Chamäleonhalter zur Seite.
Zuverlässige Züchter beraten gerne und ausführlich.

Teil des Kaufs ist immer auch ein Herkunftsnachweis (siehe Kapitel „Artenschutz").

Terrarien-haltung

7

Ein vorbildlich eingerichtetes Terrarium mit genügend Wärme und Lichtzufuhr

Seit einigen Jahren lässt sich das Pantherchamäleon problemlos halten und unter Berücksichtigung einiger Parameter auch gut nachzüchten, zumal es sich wie in der Natur unterschiedlichen klimatischen Verhältnissen in einer gewissen Spannweite anpasst.

Prinzipiell sollten die Tiere einzeln und ohne dauerhaften Sichtkontakt zueinander gehalten werden, denn auch in großen Terrarien oder Wintergärten bedeutet jeder Sichtkontakt Stress für die Tiere. Jungtiere sollten spätestens nach 6 Wochen voneinander getrennt werden, weil es sonst durch Stress zu Entwicklungsstörungen bei den Tieren und auch zu Verlusten kommen kann.

Die Vergesellschaftung mit anderen Reptilien/Amphibien halte

Terrarium für den Aufenthalt im Freien

ich für problematisch, denn auch der außerartliche Stress ist nicht zu unterschätzen. Zudem besteht immer die Gefahr, dass der zunächst tolerierte Mitbewohner plötzlich zur Beute wird. Allenfalls nachtaktive Geckos in entsprechender Größe stören das Chamäleon nicht und halten entkommene, ebenfalls nachtaktive Futtertiere im Zaum. Es gibt nämlich Futtertiere, die bei der Fütterung des Chamäleons nicht gleich gefressen werden, sich dann tagsüber verstecken und nachts das schlafende Chamäleon stören.

Als Behältnis eignet sich ein Glas- oder Holzterrarium mit einer guten Belüftung durch möglichst große Gazeflächen, mindestens in der Front sowie im Deckel, besser auch in den Seitenwänden. Die großen Gazeflächen gewährleisten einen guten Luftaustausch, sorgen für schnelles Abtrocknen nach dem Besprühen der Pflanzen und lassen die wertvollen UV-Anteile des Lichts zu den Tieren gelangen.

Nach den Mindestanforderungen des Bundesministeriums für Ernährung, Landwirtschaft und Forsten müssen die Maße des Terrariums für *Furcifer pardalis* 4 x 2,5 x 4 (Länge x Breite x Höhe), multipliziert mit der Kopf-

Rumpf-Länge (KRL), betragen. Die Größe des Terrariums sollte mit der Größe bzw. Anzahl der Tiere wachsen. Jungtiere lassen sich in 5er-Gruppen in 25 x 25 x 50 cm großen Behältnissen für 6 Wochen gemeinsam halten.
Dann sollten sie einzeln in 60 x 50 x 120 cm große Terrarien überführt werden. Mit Erreichen der Geschlechtsreife (nach ca. 9 Monaten) halte ich meine ausgewachsenen Männchen einzeln in Holzterrarien der Größe 80 x 50 x 120 cm, desgleichen meine adulten Weibchen.
Werden die Terrarien der Größe der Tiere angepasst, erleichtert das nicht nur die tägliche Pflege der Nachzuchten, sondern gewährleistet auch ein kontrolliertes Füttern, ohne dass sich Futtertiere verstecken können und die Jungtiere durch diese nachts gestört oder sogar angefressen werden. Gerade Jungtiere haben in den ersten Monaten noch eine sehr verletzbare Haut und fallen nachts in einen tiefen Schlaf, sodass sie selbst von kleinen Heimchen angefressen werden können. Entsprechend sollte man keinesfalls zu groß gewordene Futtertiere im Terrarium belassen.

Meine Terrarien stehen auf einem 70 cm hohen Podest in einem Gewächshaus, sodass in den Morgen- und Abendstunden auch natürliches Sonnenlicht in die Terrarien einfällt, allerdings nicht direkt, denn es muss darauf geachtet werden, dass die Terrarien nicht überhitzen.
Ansonsten hat jedes Terrarium eine externe 100-Watt-Lampe bzw. bei Jungtieren eine 40-Watt-Lampe. Diese Lampen sind jeweils für 9 Stunden im Sommer bzw. für 4–6 Stunden im Winter in Betrieb. Sie müssen so platziert werden, dass sich die Tiere nicht verbrennen können.

Jedes Tier hat seine eigene „Wohnung“ …

… mit „Möbeln“ aus Pflanzen und Ästen

Gerade die adulten Tiere bemerken Verbrennungen an Kopf, Rückenkamm und Bauchdecke oft nicht, weil dort das Schmerzempfinden herabgesetzt sein kann.

Eine hohe Lichtintensität trägt erheblich zum Wohlbefinden der Tiere bei. Zusätzlich sind alle Terrarien mit internen UV-Lampen (15–23 Watt) ausgestattet, denn gerade die Jungtiere benötigen sie für eine rachitisfreie Entwicklung der Extremitäten.

Die Lampen sind bei adulten Tieren 3 Stunden, bei Jungtieren 10 Stunden angeschaltet.

Eine Alternative bieten hochpotente UV-Strahler, wie z. B. OSRAM Ultra-Vitalux, die mit einem entsprechenden Abstand (ca. 1 m) zum Tier 2–3 mal wöchentlich, bzw. bei Jungtieren täglich 20 Minuten, aktiviert sein sollten. Auf Wärmestrahler oder Heizmatten greife ich nur bei bevorstehender Eiablage zurück.

Unter Beachtung der zuvor genannten Haltungsbedingungen betragen die Temperaturen im Terrarium während des Sommers tagsüber ca. 25–30 °C, direkt unter dem Strahler 35 °C und nachts 18–22 °C. Im Winter fallen die Temperaturen auf tagsüber 20–25 °C und nachts auf 15–18 °C ab.

Der Übergang von der Sommer- zur Winterzeit bzw. umgekehrt sollte durch monatliche Reduktion bzw. Erhöhung der Betriebsdauer des Strahlers kontinuierlich geregelt werden. Bei Jungtieren sollten die Maximaltemperaturen 27 °C nicht übersteigen. Direkte Sonneneinstrahlung sollte daher dringend vermieden werden, sonst sind Verluste vorprogrammiert. Gerade der Tag-Nacht-Rhythmus bzw. auch der Sommer-Winter-Rhythmus tragen zum Wohlbefinden der Tiere und zur Paarungsbereitschaft bei.

Das Terrarienzimmer sollte ein relativ ruhiger Raum und nicht gerade ein Durchgangszimmer für Kinder und Haustiere sein. Ständige Zugluft sowie gestörte Nachtruhe wirken sich ungünstig auf das Befinden der Tiere aus.

Als Bodenbelag verwende ich ein 20 cm hohes Erde-Sand-Gemisch (1 : 3), um einem trächtigen Weibchen jederzeit die Eiablage zu ermöglichen (siehe Kapitel „Trächtigkeit, Eiablage, Zeitigung und Schlupf"). Dieser verhindert das Absinken der Feuchtigkeit im Terrarium. Alle Becken sind in den unteren zwei Dritteln dicht bepflanzt, was dem Sichtschutz dient. Hierzu eignen sich insbesondere *Ficus benjamini, Philodendron scandens, Zebrina pendula*, Farne, Zierspargel, *Kalanchoe blossfeldiana, Dracaena italie*, Zitrusgewächse, Strahlenaralie, kleine Palmen, Wachsblumen, Schraubenbäume und Efeutute.

Vor dem Einbringen der Pflanzen müssen diese gründlich gereinigt werden. Sollte die Vermutung bestehen, dass die Pflanzen mit Chemikalien o. Ä. behandelt wurden, rate ich vom Kauf ab. Das obere Drittel des Terrariums bietet Bewegungsfreiheit und ungehinderten Lichteinfall. Dabei sollte man die Pflanzen nicht austopfen, sonst lassen sich die Terrarien schwer säubern, umgestalten oder ggf. nach Gelegen absuchen.

Außerdem bringe ich Korkwände und viele zuvor gründlich gesäuberte Kletteräste ein, um den gesamten Raum des Terrariums zu nutzen. Die Äste sollten unterschiedliche Durchmesser aufweisen und viele horizontale Klettermöglichkeiten in passender Entfernung zu möglichen Sonnenplätzen bieten. Gerade Glaswände sollten mit Kork beklebt werden, da der Spiegeleffekt für die Terrariumbewohner zu Dauerstress führen kann. Außerdem bietet dieser Werkstoff mehr Klettermöglichkeiten sowie eine bessere Feuchtigkeits- und Thermoregulation. Das Pantherchamäleon ist gelegentlich auf dem Boden zu finden und bewegt sich dort geschickt. Insbesondere die Weibchen graben gerne im Bodengrund, auch ohne trächtig zu sein. Bei den Nachzuchten verzichte ich auf jeglichen Bodengrund, da so die Hygiene besser zu gewährleisten ist, sich Futtertiere nicht verstecken und die Jungtiere keine Fremdkörper fressen können.

Als sinnvoll hat sich das mindestens wöchentliche Absammeln von Kotresten erwiesen.

So hält sich die Geruchsbelästigung im Rahmen, Krankheiten durch versehentliche Kotaufnahme können verhindert werden und die Terrarien müssen nicht so häufig gereinigt werden.

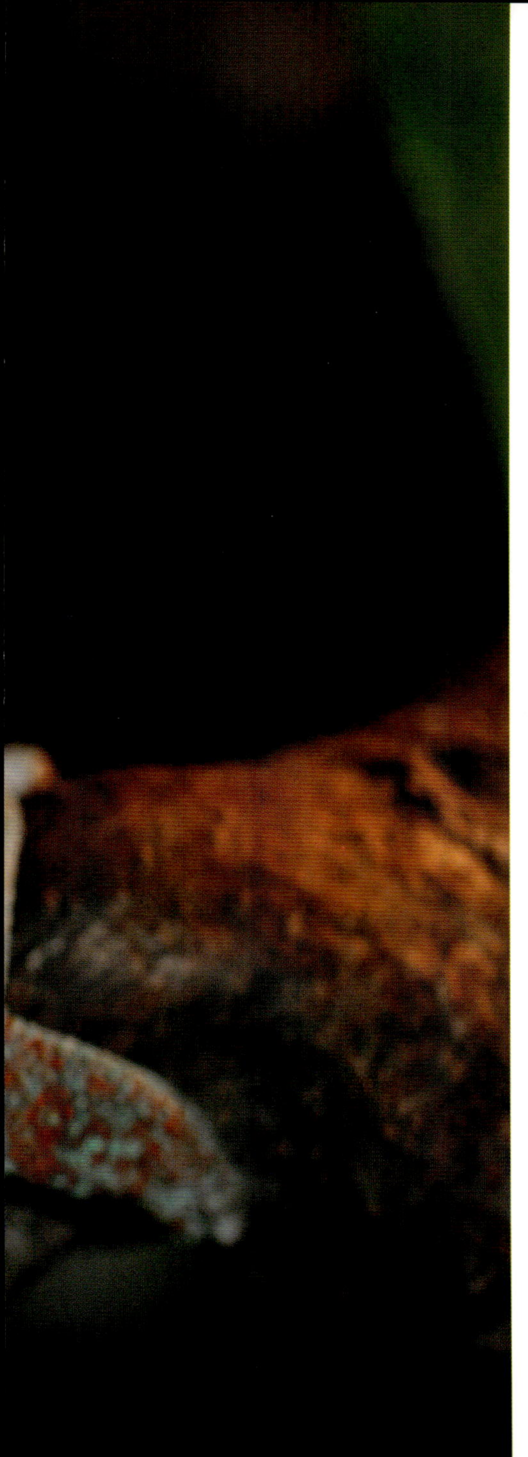

8 Freie Haltung in Zimmer, Wintergarten und Gewächshaus

Freie Haltung in Zimmer, Wintergarten und Gewächshaus

Artgerechte Haltung in der Wohnung

Freie Zimmerhaltung an einer großen Fensterfront, in einem Wintergarten oder im Gewächshaus stellt eine besonders artgerechte Haltung des Pantherchamäleons dar.

Dazu müssen jedoch ein paar Punkte beachtet werden: Wichtig sind einige dicke, freihängende Äste, die den Boden nicht erreichen, damit das Chamäleon möglichst die Fensterfront nicht verlassen kann. Chamäleons lieben eine dichte Bepflanzung mit robusten Arten. Außerdem muss das Tier sich unter einem Spotstrahler wärmen können, ohne sich zu verbrennen.

Wintergärten oder Gewächshäuser sollten beheizbar sein (keine Temperaturen unter 15 °C) bzw. Schattenplätze (nicht über 35 °C) bieten. An besonders heißen Tagen muss außerdem eine ausreichende Luftzirkulation durch

einen Ventilator oder eine Belüftung gewährleistet sein.
Die Wasseraufnahme kann über eine Pipette, eine Tropftränke oder einen Zimmerspringbrunnen erfolgen. Außerdem muss durch häufiges Übersprühen der Pflanzen auf eine ausreichend hohe Luftfeuchtigkeit geachtet werden, da die Tiere sonst viel Flüssigkeit über die Haut und die Atmung verlieren. Andernfalls droht Tod durch Austrocknung. Das Futter kann mit einer Pinzette oder aus einer Futterdose gereicht werden. Da *Furcifer pardalis* seine Ausscheidungen häufig von demselben dicken Ast aus verrichtet, lässt sich der Kot gut in einer Sandschale auffangen.
Vorsicht ist geboten, wenn man die Tür öffnet, denn auf dem Boden dahinter sind die Tiere oft nicht zu sehen. Unverschlossene Fenster und Türen bedeuten Fluchtmöglichkeiten, da Chamäleons auch an glatten Fensterrahmen emporklettern können. Auch andere Haustiere (Katzen, Hunde) können eine Gefahr darstellen. Daher bietet es sich an, eine geeignete Abtrennung des Blumenfensters mittels Paravent, Rollo oder Plexiglasscheibe zu installieren.

Freie Zimmerhaltung praktiziere ich erst, wenn die Tiere ca. 6 Monate alt sind. Auch hierbei sollte höchstens ein Pärchen gemeinsam gehalten und darauf geachtet werden, dass sich die Partner aus dem Weg gehen können. Selbst der Sichtkontakt zu anderen Chamäleons in Terrarien sollte vermieden werden. Ideal ist, wenn ein Terrarium zur Eiablage oder zur gelegentlichen Trennung der Tiere bereitgehalten wird.
Sicherheitshalber sollte für Weibchen in Pflanzkübeln genügend Eiablagesubstrat vorhanden sein, damit es bei unerkannter Trächtigkeit nicht zur Legenot kommt.

9 Freiland-haltung

Foto: Holger Fröhlich

Ein Sonnenbad im Garten erhöht Vitalität und Widerstandskraft, Foto: A. Weiler/M. Kübler

Wenn Gelegenheit dazu besteht, sollte man seinen Chamäleons die Möglichkeit bieten, sich auch im Freien (Garten oder Balkon) aufzuhalten. Diese willkommene Abwechslung erhöht das Wohlbefinden der Tiere erheblich, was sich in gesteigerter Aktivität und Farbenpracht widerspiegelt. Ein „ungefiltertes" Sonnenbad und Frischluft erhöhen Vitalität bzw. Widerstandskraft und stimulieren die Fortpflanzung. Je nach Wetterlage ist ein Freilandaufenthalt in den Monaten Mai bis September auch über Nacht (bei Temperaturen über 15 °C) möglich. Dafür bietet sich ein ausbruchsicheres, möglichst großes Gehege an, in dem es nicht zu einem Hitzestau kommen kann. Zu große Drahtmaschen sind zu vermeiden, da es ansonsten zu Verletzungen an Schwanz und Zehen kommen kann. Auch die empfindliche

Ein Gaze-Terrarium im Freien

Zunge könnte beim Zungenschuss durch zu große Maschen hindurch verletzt werden. Bringt man Pflanzen in das Gehege, die heimische Insekten anlocken, muss seltener zugefüttert werden. Schatten- und Regenschutzplätze sollten insbesondere für Jungtiere vorhanden sein. Je nach Temperatur und Regenhäufigkeit sollten die Tiere ggf. zurück in ihre Terrarien gesetzt werden, sodass die Volieren (so sagt man auch in der Terraristik) jederzeit gut zugänglich sein müssen.

Unbedingt muss ein Eindringen von Vögeln, Mardern, Katzen oder Hunden verhindert werden. Ich halte meine Chamäleons je nach Wetterlage von ca. Ende Mai bis Anfang September getrennt in 50 x 50 x 150 cm großen, zusammenklappbaren und engmaschigen Draht-Volieren aus Holz im Freien, wobei die Tiere ggf. nachts und bei längeren Schlechtwetterperioden zurück in die Terrarien geholt werden. In den Volieren haben sie einen Unterstand gegen Regen und Sonne. Die Bepflanzung (z. B. mit Schmetterlingsflieder) ist so gewählt, dass viele Insekten unterschiedlicher Größe (Schmetterlinge, Libellen, Schwebwespen, Heupferde, Fliegen) gezielt in die Volieren kommen. Zugefüttert und übersprüht wird je nach Bedarf alle 3 Tage.

10 Ernährung

Foto: Tatjana Drewka

Furcifer pardalis *liebt tierische Kost – in diesem Fall eine Heuschrecke*

Als Futter nimmt *Furcifer pardalis* hauptsächlich lebende tierische (carnivore), selten auch pflanzliche Kost an.

Die Beschaffung geeigneter Futterinsekten als Grundversorgung gestaltet sich mittlerweile relativ einfach. Zoogeschäfte, Börsen und der Internetversand bieten erfreulicherweise ein abwechslungsreiches Sortiment. Aufgrund möglicher Lieferengpässe und besserer Futterqualität sollte eine kleine eigene Futtertierzucht bzw. -hälterung nicht fehlen. Außerdem lieben die Tiere Wiesenplankton. Dieses lässt sich auf jeder naturbelassenen Wiese mit einem Fangnetz oder nachts per Fanglicht (Bugnapper) besorgen. Bitte achten Sie jedoch auf Artenschutzbestimmungen zu diesen Futtertieren sowie ggf. auf eine Genehmigung durch den Grundstückeigentümer.

Eine zusätzliche Vitaminisierung kann bei einer abwechslungsreichen Ernährung entfallen. Wie oben erwähnt, sollten erworbene Insekten vor dem Verzehr in größere Behältnisse umziehen und darin durch nährstoffreiche Kost sowie Vitamin-Mineralstoff-Präparate aufgewertet werden. Nur gesunde und abwechslungsreich genährte Futterinsekten halten unsere Reptilien gesund. Trotzdem können aus Zuchtanlagen stammende Insekten das natürliche Nahrungsspektrum qualitativ nicht voll ersetzen.

Ich füttere die adulten Tiere alle 2–3 Tage (in der Trächtigkeit täglich) mit verschiedenen vitaminisierten Zuchtinsekten (Grillen, Heimchen, Heuschrecken, Schaben, Rosenkäferlarven, Zophobas, Bienenmaden, Fruchtfliegen, Fliegen, Wachsmotten, Schnecken, Asseln, selbstgefangenen heimischen Insekten, die nicht unter Naturschutz stehen), Sepiaschale, selten einer frischgeborenen bzw. aufgetauten Maus, einem kleinen Fisch, einer Garnele oder einem Gecko und mit weichem Obst (Banane, Erdbeere, Birne, Melone u. Ä.), weichem Gemüse (Gurke, Paprika, Salat u. a.) oder mit Wiesenkräutern.

In der Natur werden neben wirbellosen Tieren gelegentlich auch kleine Säuger, Vögel, Reptilien und Amphibien gefressen. Auch junge Blätter des *Ficus benjamini* und Blüten werden gelegentlich genommen. Als Vitamin- bzw. Mineralstoffpräparate verwende ich Korvimin ZVT, Calcamineral, Miner-All, Herpetal und Aminorep. Letzteres zeichnet sich neben seiner sinnvollen Nährstoffzusammensetzung durch die grüne Pulverfarbe aus. Die eingestäubten „grünen" Futtertiere werden dann von den Chamäleons besonders begehrt.

Außerdem ist zu beobachten, dass die Futterinsekten das Präparat gerne selbst fressen, ohne daran zu versterben, was bei anderen Produkten nicht immer der Fall ist, denn Futtertiere können durch Aufnahme von zu viel Vitaminpulver austrocknen bzw. an Überdosierung sterben. So können Vitaminpräparate also entweder dem Chamäleon direkt über die Nahrung (Bestäuben der Futtertiere oder durch Auflösen der Präparate in Trinkwasser) oder über Futtertiere gegeben werden.

Eine entscheidende Rolle spielt hierbei die richtige Dosierung. Da diese von vielen Parametern (Gewicht des Tieres, Art und Alter des Präparates, Darreichungsform und -häufigkeit) abhängig ist, kommt es heutzutage eher zu gefährlichen Hypervitaminosen (Übervitaminisierung) als zu Hypovitaminosen (Untervitaminisierung).

Futterinsekt Heimchen

Futterinsekt Heuschrecke

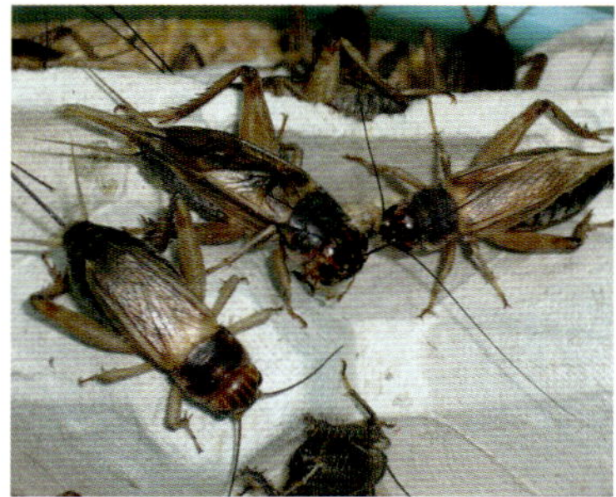

Futterinsekt Steppengrille

Um dies zu vermeiden, bevorzuge ich die Aufwertung der Futtertiere *(„gut loading“)* durch

Futterinsekt Bienenmaden

Futterinsekt Rosenkäferlarve

Futterinsekt Schwarzkäferlarve

Gabe von qualitativ hochwertigem Futter und Vitaminen. Nur gelegentlich bzw. während der Gravidität (Trächtigkeit), bei Erkrankungen oder im Wachstum gebe ich zusätzliche Stoffe durch Bestäuben der Futtertiere hinzu.

Erhalten die Tiere viel UV-Licht, sollte auf Präparate mit Vitamin-D-Anteil verzichtet werden, da dieser Wirkstoff dann ausreichend vom Chamäleon selbst gebildet wird. Außerdem sollte nach Vitamingaben immer genügend Flüssigkeit zur Verfügung gestellt werden, um eine unerwünschte Anreicherung der Stoffe im Gewebe zu vermeiden.

Es bestehen eindeutig individuelle Nahrungsvorlieben. Gelegentlich verschmähen einzelne Tiere Nahrung aufgrund von Eintönigkeit oder nicht optimal angepassten Temperaturen im Terrarium.

Nach dieser „Fastenzeit" bzw. durch ein wechselndes Nahrungsangebot fressen die Tiere aber nach 1–2 Wochen normalerweise wieder. In den Monaten der Freilandhaltung treten solche Probleme nie auf, und meine Tiere fressen nach Bedarf alles, was sie schießen können. In den Wintermonaten fressen meine Chamäleons bei tieferen Temperaturen und reduzierter Lichtdauer dann wieder deutlich weniger. Die Futtertiere können frei oder zur besseren Kontrolle in Näpfen und von der Pinzette aus angeboten werden, was eine ggf. nötige Medikamenten- bzw. Vitamingabe erleichtert.

Die Nachzuchten fressen und trinken am 1. Tag noch nichts. Sie ernähren sich wohl von ihrem Dottersack. Dann aber erhalten sie ab Tag 2 täglich, ihrer Größe (ca. 1-fache Länge der Maulspalte bei Jungtieren, aufgrund erhöhter Erstickungsgefahr; 2-fache Länge bei Adulti) entsprechend, vitaminisierte Insekten (Fruchtfliegen, Stummelfliegen, Heimchen) bzw., wenn möglich, Wiesenplankton, wobei gelegentliche Fastentage nicht schaden.

Nach 8–10 Wochen sollten nicht mehr so häufig Zucht-Fliegen gefüttert werden, auch wenn sie von den Tieren eindeutig bevorzugt werden. Diese sind dann nicht mehr nahrhaft genug, und es erhöht sich die Gefahr einer Rachitis. Die Gabe von flugfähigem Wiesenplankton stellt kein Problem dar. Ameisen oder „ameisenähnliche“ Insekten werden von den Jungtieren zunächst verschmäht und erst bei großem Hunger gefressen. Gleiches gilt auch für Kellerasseln und kleine Gehäuseschnecken. Sie sollten trotzdem angeboten werden, da sie ggf. den nötigen Kalk zur Rachitisprophylaxe liefern. Nach 16 Wochen sollten die Tiere je nach Jahreszeit dann nur noch alle

2–3 Tage Futter erhalten. Die Vorliebe meiner Tiere für pflanzliche Kost ist antrainiert, d. h., ich versuche, sie ca. ab der 10. Woche an weiches Obst (Banane, Mango) zu gewöhnen. Das gelingt zunächst nur, weil ich ihnen nach einem erfolgreichen Zungenschuss während des Kauens zusätzlich kleine Bananenstücke gebe.

Außerdem beginnen Chamäleons ab der 12. Woche das Maul aufzureißen und zu drohen, wenn sie in die Hand genommen werden. Dann lassen sich ebenfalls kleine Obststückchen ins Maul schieben.

Nach wenigen Wochen nehmen die Tiere dann freiwillig gerne Obst und Gemüse von der Pinzette bzw. schießen es aus dem Napf. Später löst schon die Pinzette den Fressreiz aus und die Tiere schießen auch auf das leere Pinzettenende.

Feuchtigkeit und Trinkwasser

11

Feuchtigkeit und Trinkwasser

Tropftränke im Terrarium

Die Wasserversorgung ist eine der wichtigsten Aufgaben der Chamäleonhaltung.

Die Luftfeuchtigkeit sollte bei ca. 80–90 % liegen. Der Lebensraum muss andererseits durch starken Luftaustausch immer wieder durchtrocknen können. Zur Versorgung mit Feuchtigkeit wird ab Geburt der Jungtiere mehrmals täglich mit einer Pump-Blumenspritze Wasser in die Terrarien gesprüht – bei den Adulti zweimal täglich. Nach dem Übersprühen nehmen die Tiere die Flüssigkeit in Tropfenform von den Blättern auf.

Alternativ kommen auch Sprühanlagen mit Zeitschaltautomatik zum Einsatz, die eine kurzfristige Abwesenheit des Halters ermöglichen.
Vor Inbetriebnahme sollte die Sprühanlage zunächst im Sinne

Auch kleinste Tropfen löschen Durst

eines Testlaufes einige Tage lang regelmäßig kontrolliert werden, um zu viel Trockenheit, insbesondere aber zu viel Nässe, zu verhindern. Zunächst lecken oder schießen die Jungtiere Tropfen von den Blättern.

Schon nach wenigen Wochen trinken die Nachzuchten auch von der praktischen Tropftränke (Dripper), die ich über einem Pflanzentopf platziere, damit der Bodengrund nicht zu nass wird. Ansonsten bilden sich leicht für die Tiere oft tödliche Schimmelpilz- oder Bakterienkulturen.

Auch der Einsatz von kleinen „Wasserfällen“ hat sich gut bewährt. Meine Tiere bevorzugen bewegtes Wasser und lassen sich an Näpfe nur schlecht gewöhnen.

Auch die kontrollierte Wassergabe von der Pipette hat sich bewährt, denn so lassen sich ggf. ohne Schwierigkeiten Medikamente verabreichen.
Immer ist auf eine sorgfältige, möglichst tägliche Reinigung der Trinkgefäße und auf regelmäßige Erneuerung des Wassers zu achten, da Wasser ein gefährliches Übertragungsmedium für Krankheitserreger darstellt.

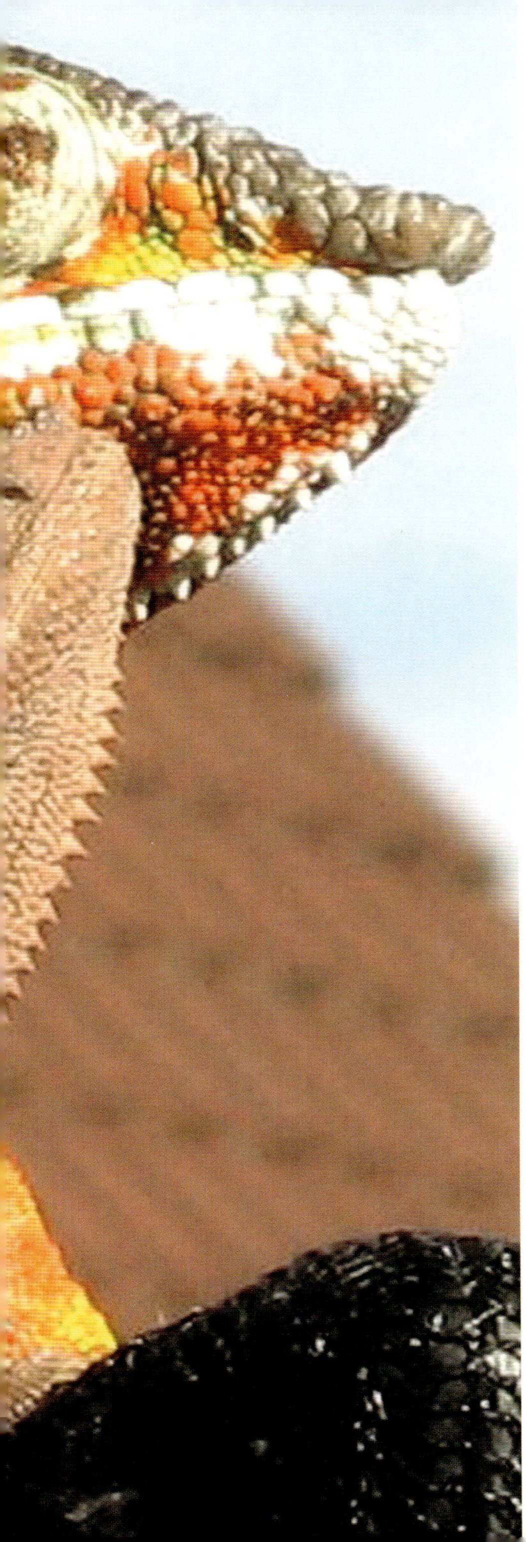

Balz- und Paarungsverhalten

Foto: A. Weiler/M. Kübler

Balz- und Paarungsverhalten

Chamäleon-Männchen und Chamäleon-Weibchen in typischer Paarungsfärbung

In freier Natur dauert die Paarungszeit von Dezember bis April. Im Terrarium verlagert sich die Fortpflanzung auf März bis August oder ist bei gleichmäßigen Klimabedingungen ganzjährig möglich, wobei die Männchen immer, die Weibchen nur periodisch, paarungsbereit sind.

Auch wenn einige Weibchen schon eher geschlechtsreif sind, sollte man die Tiere frühestens mit 12 Monaten verpaaren. Ansonsten besteht die Gefahr, dass es zur Legenot kommt oder die jungen Weibchen nach der kräftezehrenden Trächtigkeit und Eiablage versterben. Die Männchen stresst die Paarung nur unwesentlich, sodass diese ab ca. 6 Monaten verpaart werden können.

Bei der Zusammenstellung eines geeigneten Zuchtpaares

Das Weibchen in Abwehrhaltung

sollte darauf geachtet werden, dass nur Tiere der gleichen Farbvariante, also der gleichen Herkunftsregion, verpaart werden, wobei sich das als schwierig gestaltet. Hierbei kann man sich eigentlich nur auf die Angaben vertrauenswürdiger Züchter verlassen, denn selbst Experten können die Tiere rein optisch nicht sicher zuordnen, da die Farbausprägungen vielen Parametern unterliegen.

Es sollten möglichst keine direkt verwandten Tiere zur Paarung gebracht werden, da bei Inzucht immer mit gesundheitlichen Problemen der Nachkommen zu rechnen ist.

Vor der eigentlichen Kopulation kommt es zu einem interessanten Balzritual (Hochzeitsritual), welches dem Drohverhalten (Kommentkampf zweier Männchen) zunächst sehr ähnelt. Die erfolgreiche Paarung kann anhand der Farbwechsel des Weibchens ziemlich sicher vorhergesehen werden.

Sofort, nachdem das Weibchen zu dem Männchen in die Außenvoliere oder in das Terrarium gelassen wird (auch umgekehrt möglich – es sollte immer das von beiden zutraulichere Tier zur Paarung umgesetzt werden), beginnt das Männchen, mit nickendem Kopf und im Schaukelschritt („Hochzeitsmarsch“) auf das Weibchen zuzustürmen. Hierbei bläst es sich mal auf, mal flacht es die Seiten weit ab, um dem Weibchen seine größtmögliche Breitseite zu präsentieren. Währenddessen legt das Männchen sein oben beschriebenes schönstes Farbkleid („Hochzeitskleid“) an. Das Weibchen hingegen bleibt zunächst ruhig und nimmt bei Paarungsbereitschaft ein helles Farbkleid, beige bis leicht rosa, an. Dann geht es wie unbeteiligt langsam davon und erwartet das Männchen.

Das Weibchen erwartet das Männchen

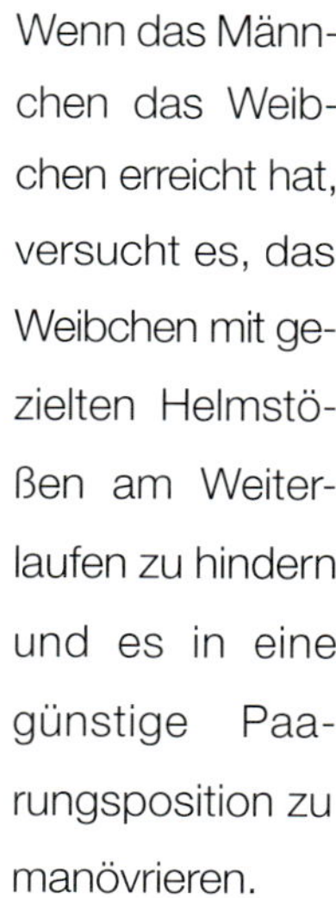

Wenn das Männchen das Weibchen erreicht hat, versucht es, das Weibchen mit gezielten Helmstößen am Weiterlaufen zu hindern und es in eine günstige Paarungsposition zu manövrieren.

Gezielte Helmstöße hindern das Weibchen am Weiterlaufen

Sobald dies gelungen ist, klettert es von hinten auf das Weibchen, krallt sich fest und schiebt seine Kloakenöffnung unter die des Weibchens, welches seine Kloakenöffnung zuvor leicht angehoben hat.

Hierbei führt das Männchen den rechten oder linken Teil der Gabelung des Hemipenes ein, gelegentlich wird anschließend in einer zweiten Paarung der jeweils andere Teil verwendet.

Die Paarung kann zwischen 5 und 40 Minuten dauern und sich in den Folgetagen mehrmals wiederholen, wobei bei einem normalen Ablauf meist schon die erste Paarung erfolgreich ist.

Beide Partner lassen sich durch Zuschauer nicht stören, auch wenn sie ansonsten sehr scheu sind.

Manöver für eine günstige Paarungsposition

Paarung

Danach trenne ich die Tiere wieder voneinander. Das vermeidet Stress, führt zu erneuter Spermienproduktion und erhöht in den folgenden Tagen die Chance auf einen Befruchtungserfolg.

Während der Paarung sollten die Tiere ständig beobachtet werden, um ggf. einschreiten zu können.

Bei den Männchen kann ab dem 6. Monat von einer ständigen Paarungsbereitschaft ausgegangen werden.

Als Jungtier ist das oben beschriebene Balz- und Paarungsverhalten beim Männchen noch nicht zu beobachten. Die Weibchen sind ca. ab dem 9. Monat in Perioden paarungsbereit, was sich während des Paarungsvorganges sofort an einem Farbwechsel ablesen lässt.

Ist das Weibchen nicht paarungsbereit, reißt es sein Maul auf und versucht, schnell zu fliehen. Außerdem wechselt es sein Farbkleid in eine dunkle Grundfärbung mit orangen Flecken. Wird es trotzdem von dem Männchen verfolgt, versucht es, durch angedeutete Bisse und Helmstöße ein Paarungsaufsteigen des Männchens zu verhindern. Dieses wird hierdurch ruhiger und wehrt sich wegen bestehender Beißhemmung kaum. Nur selten versucht ein sehr aggressives Männchen, sich trotz der Gegenwehr des Weibchens zu paaren, was nie vom Erfolg gekrönt ist. Ist ein Weibchen beim Paarungsablauf bereits gravide, nimmt es sein schönstes Farbkleid (schwarze Grundfarbe mit orangefarbenen Flecken) an, und es verhält sich noch paarungsunwilliger.

Ich trenne die Tiere bei Paarungsunwilligkeit des Weibchens oder nach erfolgreicher Paarung immer sofort, um beide Partner keinem unnötigen Stress auszusetzen und Verletzungen zu vermeiden.

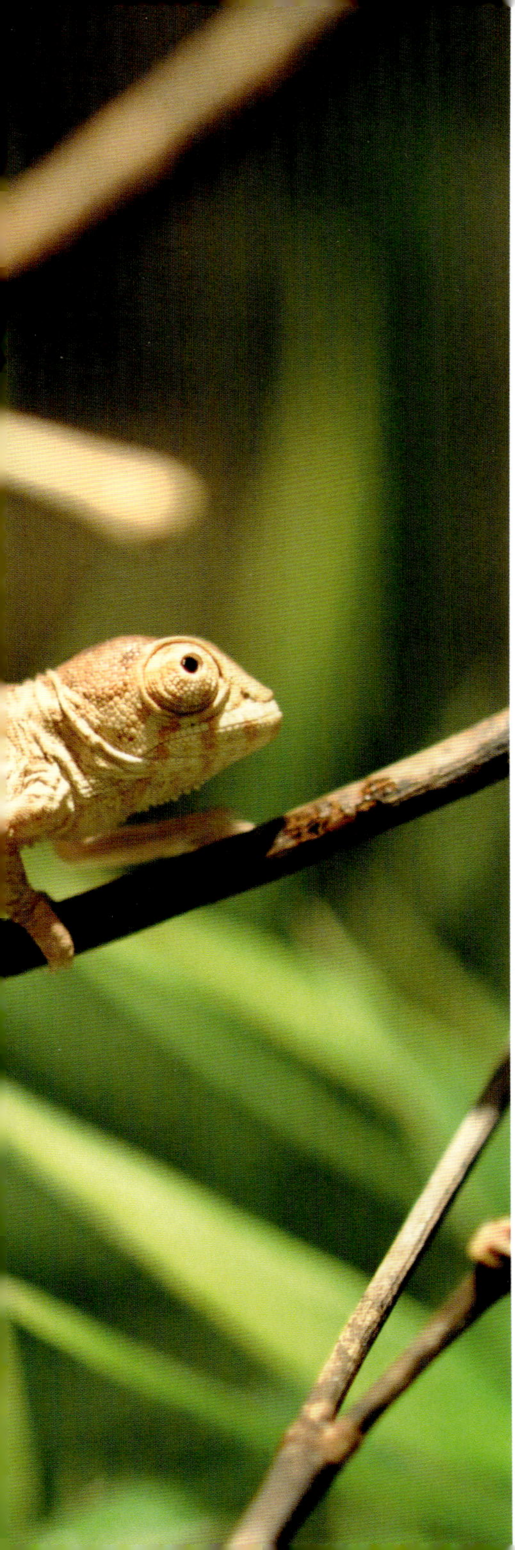

Trächtigkeit, Eiablage, Zeitigung und Schlupf

Trächtigkeit, Eiablage, Zeitigung und Schlupf

Ein gravides Weibchen in dunkler Färbung mit orangefarbenen Flecken

Das Weibchen zeigt nach erfolgreicher Paarung deutlich mehr Appetit. Es erhält dann Sepiaschalestückchen, vitaminisierte Insekten sowie einmal wöchentlich eine Babymaus. Es muss allerdings, wie bei der Jungtieraufzucht, eine Übervitaminisierung vermieden werden, da es sonst zur Vergiftung des Tieres kommen kann.

Der Bauchumfang nimmt schnell zu, und nach ca. 3 Wochen zeichnen sich die Silhouetten der Eier immer deutlicher unter der Bauchdecke ab. Bald frisst das Weibchen dann nur noch wenig, trinkt aber viel. Wenige Tage vor der Eiablage laufen die trächtigen Weibchen unruhig im Terrarium umher und beginnen mit ersten Probegrabungen.

Jetzt sind optimale Ablagebedingungen notwendig, sonst kann es schnell zur Legenot kommen, und die Tiere versterben an den im Körper verfaulenden Eiern. Das Terrarium sollte entweder eine Bodenbedeckung von 25 cm Höhe haben, oder man bringt einen ca. 20 x 20 x 30 cm großen Eiablage-Behälter mit einem 25 cm hohen feuchten Sand-Erde-Gemisch ein und sorgt, z. B. mit einer Heizmatte, für die nötige Temperatur.

Ich wähle außerdem eine zweite Methode: Ich beobachte das trächtige Weibchen genau und kann so die bevorstehende Eiablage auf 1–2 Tage vorhersagen. Dann überführe ich das Tier zur Eiablage in einen vorbereiteten 20-Liter-Eimer, zu zwei Drittel gefüllt mit einem feuchten (nicht nassem) Sand-Erde-Gemisch (3 : 1) und überspannt mit Fliegengaze. Dicht darüber platziere ich eine 40-Watt-Birne als Wärmequelle. Dieses Verfahren erleichtert die spätere Überführung der Eier in den Brüter und schont die Terrarieneinrichtung.

Die Probegrabungen häufen sich und das Weibchen wird unruhiger. 30–35 Tage nach der Paarung gräbt das Weibchen über mehrere Tage hinweg einen so tiefen Gang, dass es vollständig darin verschwinden kann.

Dann dreht es sich und legt, meist nachts, am Ende der Höhle zwischen 25 und 35 Eier ab. Am Ende der Eiablage füllt das Tier die Eiablage-Höhle sorgfältig mit Sand auf und stampft sogar den Boden abschließend wieder fest. Danach verlässt es den Ablageplatz und kümmert sich nicht mehr um sein Gelege. Im Terrarium bzw. Eimer ist der Anfang des Ganges nicht mehr zu sehen.

Die Eier sind nach der Ablage durchschnittlich 4 x 12 mm groß und 0,6 g schwer. Häufig sind kleinere Eier nicht befruchtet, fallen in den ersten 3–4 Monaten ein und verfaulen im Brüter. Die Eier sollten innerhalb von

1–2 Tagen zur Optimierung der Zeitigungsbedingungen und zum Schutz vor Futtertieren, Parasiten sowie Krankheitserregern aus dem Ablagesubstrat in Heimchen-Boxen mit feuchtem Vermikulite überführt werden. Dazu lege ich die Eier mittels Löffel und Pinsel vorsichtig frei und markiere die Oberseite mit einem weichen Stift.

Sie dürfen bereits nach wenigen Stunden nicht mehr gewendet werden, da die Embryos sonst ersticken. Die Eier werden zu zwei Drittel in feuchtes, nicht nasses, Substrat eingegraben und in den o. g. Boxen bei geschlossenem Deckel in einem Inkubator bei kontinuierlich 25 °C und 80 % relativer Luftfeuchtigkeit ca. 7 Monate lang gezeitigt.

Die neueste Generation von Inkubatoren, z. B. der RCOM Juragon Reptile Incubator Pro (nur in den USA und Großbritannien erhältlich, z. B. bei egg incubators) gibt die Option, sowohl Temperatur als auch Feuchtigkeit mikroprozessorgesteuert

Behälter mit Sand-Erde-Gemisch

30-35 Tage nach der Paarung ...

... gräbt das Weibchen ...

... einen so tiefen Gang, dass es ...

... fast vollständig darin verschwindet

Die Eier werden meist nachts abgelegt

automatisch zu regeln. Hiermit lassen sich sogar individuell einstellbare Tag-Nacht-Schwankungen bzw. Jahreszeitenzyklen programmieren. Vor direktem Kontakt mit Kondenswasser sind die Eier im Inkubator geschützt. Vergleichbare Modelle ohne Feuchtigkeitsregler gibt es inzwischen auch von Lucky Reptil (Firma Hoch, Waldkirch).

Befruchtete Eier nehmen in den ersten 3 Monaten durch Flüssigkeitsaufnahme schnell an Volumen zu. Ich kontrolliere sie wöchentlich, um einen gewissen Luftaustausch zu gewährleisten, faulende Eier zu entfernen, die Inkubatoreinstellungen zu überprüfen und ggf. Wasser ins Inkubatorreservoir nachzufüllen.

Unbefruchtete Eier behalten ihre Größe und trocknen nach 4–10 Wochen ein. Sie haben feine Längskratzer auf der Oberfläche, während sich befruchtete Eier durch „Sternchen-Zeichnung“ unterscheiden.

Unbefruchtete Eier werden entfernt, bevor sie zu faulen beginnen, damit sich keine Krankheitserreger auf die Gesamtbrut übertragen. So hatte ich bisher keine Probleme mit Fäulnis oder Pilzbefall des Geleges. Findet das Weibchen kein geeignetes Substrat zur Eiablage oder stimmen die Klimabedingungen nicht, führt dies zur o. g. lebensbedrohlichen Legenot.

Die Eier werden freigelegt. Die Oberseite wird anschließend …

… markiert. Sie dürfen nicht mehr gewendet werden

Ich konnte beobachten, dass das Weibchen bei Stress Eier einfach frühzeitig in die Umgebung abführt.

Häufig kommt es bei meinen Weibchen zu mehreren Gelegen (bis zu 4) ohne erneute Paarung, durch Vorratsbefruchtung *(Amphigonia retardata)*, wobei die Quote der befruchteten Eier dann abnimmt.

Gelegentlich beginnen einige der Eier im Inkubator vorzeitig, nach ca. 5 Monaten, ihre Kontur zu verändern, obwohl es keine Anzeichen für einen bevorstehenden Schlupf gibt.

Sie fallen ein und beginnen einzutrocknen, ohne dass das an der Substratfeuchte liegen kann.

Hauptsächlich betrifft dies die kleineren Eier. Hierin befinden sich vollentwickelte Embryos, die in der Endphase ihres Entwicklungsstadiums absterben. Davon betroffen ist manchmal bis zu ein Drittel der Gesamtbrut. Das lässt sich mit nicht-optimalen Zeitigungsbedingungen (Temperatur konstant hoch, zu hohe oder geringe Substratfeuchte) erklären, obwohl ich ebenso häufig 90 % Schlupferfolge bei gleichen Zeitigungsbedingungen habe.

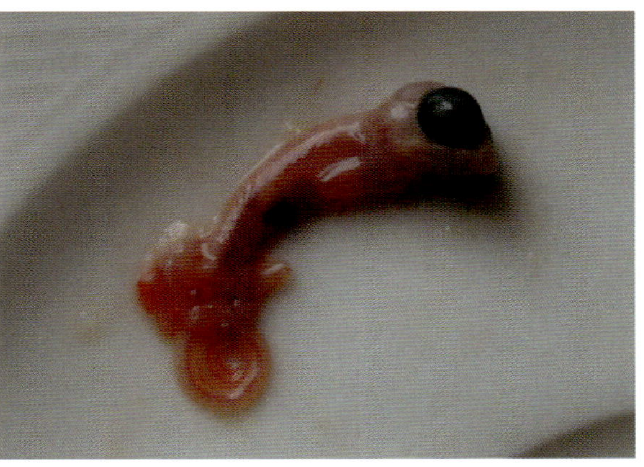

Vollentwickelter Embryo

Schlupf

13

Eier, die über den 5. Monat hinweg prall bleiben, geben Anlass zur Hoffnung auf einen erfolgreichen Schlupf.
Der Embryo liegt zusammengerollt im Ei, mit dem Rücken zur inneren Eischale.

Mittels Diaphanoskopie (Durchleuchtung der Eier) sind leider nur selten Gefäße oder Embryos sichtbar.
Ich habe die Möglichkeit, einen sog. Eimonitor (Buddy MK2 der Firma Avitronics, in Deutschland nur bei der Firma Grumbach, Münchholzhausen erhältlich) zu verwenden.
Damit lassen sich ab ca. dem 3. Monat Herztöne des lebenden Embryos messen. Doch Vorsicht: Kurz vor dem Schlupf können Reptilienjungtiere im Ei ihren Herzschlag so verlangsamen, dass das Gerät keinen Wert anzeigt und man deswegen glaubt, die Jungtiere seien gestorben.

Frischgeschlüpft

Kurz vor dem Schlupf (bei o. g. Zeitigungsbedingungen nach ca. 200 Tagen) perlen Tropfen von der Eierschale und die Eihüllen fallen ein.

Dann schlitzt der Embryo mit seinem Eizahn ein Loch in die Schale und versucht, mit schlängelnden Bewegungen aus dem Ei zu gelangen. Zunächst schaut nur der Kopf aus der Schale. Ist das erst einmal geschafft, geht der weitere Schlupfvorgang blitzschnell.

Vom Aufschlitzen des Eis bis zur vollständigen Befreiung kann es allerdings bis zu 36 Stunden dauern und bei Misslingen auch, aber doch selten, zum Tod führen.

Die frischen Schlüpflinge legen sich zunächst zusammengerollt in das Vermikulite.

Doch sehr bald beginnen sie, in der Zeitigungsbox aufgeregt umherzulaufen. Dort werden sie ca. 1 Tag lang belassen und dann in ein kleines Terrarium überführt.

Innerhalb von wenigen Tagen schlüpften alle Baby-Chamäleons, zum Teil unterschiedlicher Größe (60–70 mm Gesamtlänge), wobei die Körpergröße bei Geburt sowohl von der Eientwicklungsdauer als auch von der Eigröße zum Zeitpunkt der Ablage abhängt.

Unter den o. g. Eiablage- und Zeitigungsbedingungen erziele ich sehr unterschiedliche Schlupfraten von 20–90 % bei homogener Geschlechterverteilung. Die Weibchen sind nach der Eiablage sehr geschwächt und sterben in freier Natur häufig direkt nach einer bestimmten Anzahl von Eiablagen, die, wie angenommen wird, individuell genetisch festgelegt ist.

Sollten die Tiere nicht sofort wieder Nahrung und Wasser

aufnehmen, werden sie von mir zwangsgefüttert.
Hierzu hat sich ein selbstgefertigter Brei aus Steppengrillen, Banane und Aminorep (Vitaminpulver) bewährt.
Er wird zunächst nur widerwillig, später aber immer besser angenommen.

Eine spezielle Fütterungsspritze kann hierbei helfen.
Um Maul- und Eingeweideverletzungen zu vermeiden, ist die Fütterung sehr behutsam durchzuführen.
Außerdem erfolgt nach jeder Mahlzeit eine Wassergabe mittels Pipette.
Dieses Vorgehen praktiziere ich in den ersten 10 Tagen täglich, dann alle 2–3 Tage.
Aus Hygienegründen sollte jedes Tier mit einer eigenen Pipette versorgt werden.
Vor jeder Zwangsfütterung wird mit einer Heuschrecke getestet, ob der „Patient" nicht doch schon wieder selbständig frisst.
Zudem wird täglich frisches Wasser angeboten.
Das Weibchen erholt sich so innerhalb von 2–3 Wochen vom Eiablage- bzw. Trächtigkeitsstress.

Reagiert man nicht sofort, entwickeln die Chamäleons Rachitis oder Zungenlähmung und sterben den Hungertod oder an Austrocknung.
Diese Gefahr besteht besonders bei denjenigen Weibchen, die bereits mehrere Eiablagen hinter sich haben.

Eine erneute Verpaarung solcher Weibchen ist zwar nach 4–6 Wochen wieder erfolgreich und kommt sicherlich so in der Natur auch vor, sollte im Terrarium aber erst erfolgen, wenn sie wieder gestärkt sind und selbständig gut fressen.

Foto: Marcus Bauschulte

14 Aufzucht der Jungtiere: Was ist zu beachten?

Aufzucht der Jungtiere: Was ist zu beachten?

Jungtiere werden am Tag 2 des Schlupfs zum Herumtoben ins Terrarium gebracht

Nach der Freude über die erfolgreiche Zucht beginnt die spannende Aufgabe einer Aufzucht der Jungen. Je nach Schlupfergebnis sind zwischen 20 und 30 kleine Chamäleons aufzuziehen bzw. unterzubringen. Ich überführe sie in 5er Gruppen nach Größe sortiert in ein kleines Terrarium (25 x 25 x 50 cm) mit UV-A-/B-Licht (15 %) und einer 40-Watt-Birne. Hierbei sollten Temperaturen von über 27 °C tagsüber und von unter 20 °C nachts vermieden und auf höhere Luftfeuchtigkeit (80–90 %) als bei den Adulti sollte geachtet werden. Nach 2–3 Monaten können dann die Klimabedingungen schrittweise an die für Adulti angepasst werden.

Die Jungtiere wiegen gleich nach der Geburt ca. 0,6 g, sind 60–70 mm groß, sehr flink und können geschickt über dünne

Äste laufen. Außerdem drohen sie mit offenem Maul und versuchen zuzubeißen, wenn man sie ergreift. Dabei sollte man aufpassen, dass die Kleinen nicht herunterfallen, denn sie versuchen, von der Hand zu springen bzw. sich auf der Flucht fallen zu lassen.

Die Terrarien beinhalten kein Bodensubstrat. Somit sind sie leicht sauber zu halten, und es besteht nicht die Gefahr, dass die Nachzuchten beim Beuteschießen Substrat verschlucken. Ansonsten sind die Aufzuchtterrarien mit kleinen, dichtwachsenden Pflanzen wie Ficus- oder Asparagus-Sorten (gut geeignet sind auch Gräser) und vielen dünnen Kletterästen ausgestattet. Es müssen jedenfalls ausreichend Versteckmöglichkeiten und Sonnenplätze vorhanden sein, damit die Tiere möglichst wenig Stress erleiden.

Aufzucht der Jungtiere: Was ist zu beachten?

Unter den genannten Bedingungen ist das Aufziehen der Nachzuchten in kleinen Gruppen sicherlich für 8–10 Wochen zu vertreten. Schließlich wird die Einzelaufzucht von bis zu 35 Tieren nicht praktikabel sein.

Ich konnte außerdem beobachten, dass Jungtiere, die zusammen aufwuchsen, aus Futterneid besser fraßen und schneller wuchsen als gleichaltrige Geschwister, die einzeln gehalten wurden. Trotzdem sollte das Sozialverhalten der Jungtiere immer aufmerksam beobachtet werden.

Wenn sich erste Stressreaktionen (permanente Dunkelfärbung, gegenseitiges Bedrohen, Wachstumsverzögerungen u. a.) besonders bei den Männchen zeigen, müssen sie getrennt werden.

Die Nachzuchten nehmen schon nach wenigen Tagen Tropfen von besprühten Blättern auf und fressen verschiedene, ihrer Maulgröße entsprechende und vitaminisierte, Insekten.

Hierbei muss immer darauf geachtet werden, dass auch den sehr kleinen Tieren ausreichend Futter zur Verfügung steht.

Mit den o. g. Tricks verzehren Jung-Chamäleons nach 10–16 Wochen auch gelegentlich speziell zubereitetes Obst und Gemüse. Zunächst wachsen die Jungtiere je nach Futterangebot schnell und gleichmäßig heran. Ein zu schnelles Wachstum (Geschlechtsreife nach 6–9 Monaten, Wachstumsabschluss nach 12–18 Monaten) ist nicht wünschenswert, da es häufig zu Rachitis führt, wenn das Wachstum dem Mineralieneinbau in das Skelett vorauseilt.

Erst nach ca. 5 Monaten wird bei gesunder Entwicklung ein Größenunterschied von Weibchen und Männchen zugunsten Letzterer deutlicher.

Nachts hängen die Jungtiere zum Schlafen an den Zweigenden der Pflanzen.

Um ein Entweichen der Futtertiere (z. B. Fruchtfliegen) zu verhindern, sind die Nachzuchtterrarien mit sehr kleinen Belüftungsmaschen ausgestattet.

Das kann bei zu geringem Belüftungsanteil zu Staunässe führen. Dann muss täglich für genügend Luftzirkulation gesorgt oder der Gazeanteil im Verhältnis zur Glasfläche erhöht werden.

Auch hier bieten Holzrahmenterrarien Vorteile.

An Sonnentagen überführe ich die Nachzuchten in spezielle kleine, freihängende Fliegengazebehälter, in denen sie sich sichtlich wohlfühlen und die Möglichkeit haben, kleinste Insekten aus der Natur zu fressen. Gaze-Terrarien können mittlerweile in verschiedenen Größen erworben werden.

Die Jungtiere gebe ich nach ca. 3 Monaten an Interessenten ab.

Junges Weibchen

Von Tierarzt Kornelis Biron

Krankheiten und deren Therapiemöglichkeiten

15

Krankheiten und deren Therapiemöglichkeiten

Jeder Terrarianer möchte seine Pfleglinge so lange wie möglich gesund und lebendig erhalten und vielleicht sogar vermehren. Dennoch kommt es bei Chamäleons häufig zu Erkrankungen, von denen die meisten, trotz aller Bemühungen, haltungsbedingt sind.

Im Folgenden sollen daher häufige Erkrankungen vorgestellt werden. Es geht darum, wie man sie erkennen und behandeln kann, vor allem aber, wie sie vermieden werden können. Um den Rahmen dieses Buches nicht zu sprengen, werden nur die relevantesten Krankheiten und ihre Ursachen vorgestellt.
Grundsätzlich gilt natürlich, dass beim geringsten Verdacht auf Vorliegen einer Erkrankung, besser noch, vorsorglich, ein reptilienkundiger Tierarzt konsultiert werden sollte. Eigene Behandlungsversuche führen in den meisten Fällen zu keiner Verbesserung, sondern zögern die Lösung des Problems nur hinaus. Die genannten Medikamente sind größtenteils verschreibungspflichtig. Eine Anwendung darf nur nach tierärztlicher Anweisung erfolgen.

Die Vorsorge fängt bereits vor der Anschaffung des Chamäleons an. Auch der Anfänger sollte sich eingehend über Pantherchamäleons erkundigt haben und wissen, wie ein gesundes Tier aussehen sollte. Nur wer das Gesunde kennt, kann das Kranke erkennen! Wer ein Tier halten möchte und keine Zuchtabsichten hat, sollte sich stets für ein männliches Exemplar entscheiden. Es hat eine höhere Lebenserwartung, unter anderem deswegen, weil es nicht zu auszehrender Eiproduktion, damit verbundenen Erkrankungen der Geschlechtsorgane oder Legenot, kommen kann. Größe und Farbenpracht der Männchen spielen aus medizinischer Sicht bei der Auswahl keine Rolle. Bei Jungtieren ist das Geschlecht jedoch nicht immer leicht zu erkennen, und mancher hat schon, sogar im Zoofachgeschäft, ein Weibchen als „hundertprozentiges Männchen“ erstanden.

Transport und Stressverminderung

Nicht selten erkranken vorher scheinbar gesunde Chamäleons kurze Zeit nach einem „Umzug“. Die ungewohnte Situation und evtl. zu intensives „Zurschaustellen“ sorgen für Stress und schwächen das Immunsystem. Hinzu kommen zu niedrige Temperaturen beim Transport oder im neuen Terrarium, was die Tiere für Erkrankungen zusätzlich anfälliger machen oder den Verlauf bereits vorhandener Krankheiten verschlimmern kann.

Daher sollte das Handling möglichst stressarm erfolgen.

Anstatt das Tier zu greifen, kann es mit dem Ast, auf dem es sitzt, aus seinem bisherigen Behältnis in ein Transportbehältnis überführt werden.

Dies muss nicht unbedingt ein spezieller „Tiertransportbehälter“ sein, auch ein Schuhkarton ist gut geeignet. Darin sollte sich ein gut festgeklemmter Ast befinden und unter einem Handtuch oder Küchenpapier eine Wärmflasche. Ist keine passende Wärmflasche vorhanden, können auch z. B. Einweghandschuhe oder Kunststoffflaschen mit warmem Wasser gefüllt werden. Auch „Taschenwärmer“ sind geeignet. Es sollte jedoch stets darauf geachtet werden, dass es weder zu kalt noch zu warm werden kann.

Styroporkisten sind als äußeres, isolierendes Behältnis geeignet, nicht jedoch, um das Tier direkt hineinzusetzen. Wird das Tier so ohne Lichteinfall transportiert, verbringt es die Zeit meist schlafend, also völlig stressfrei. Zu viele Luftlöcher oder durchsichtige Behälter haben jedoch einen gegenteiligen Effekt.

Auch zu Hause darf das Tier nicht übermäßig vorgeführt, aus seiner Umgebung herausgeholt oder anderweitig belästigt werden. Im Quarantäneterrarium sollten genug Versteckmöglichkeiten gegeben sein und das Tier sollte sich darin nun in Ruhe „akklimatisieren“ können, ohne Spiegel oder andere spiegelnde Flächen in seinem Blickfeld.

Von einer Paarhaltung sollte möglichst abgesehen werden – außer bei einer Haltung in einem großen Wintergarten o. Ä. Der fortdauernde Stress bei Anwesenheit eines Weibchens oder eines weiteren Männchens wirkt sich ungünstig auf das Allgemeinbefinden und auf das Immunsystem aus.

Idealerweise hat ein weibliches Tier bis zu seiner Verpaarung (möglichst nicht vor dem 2. Lebensjahr) keinen Sichtkontakt mit einem Männchen.

Quarantäne und Hygiene

Ist zu Hause alles für das Tier vorbereitet, möchte der stolze Chamäleonhalter den Neuzugang am liebsten direkt ins Terrarium setzen. Dies wäre aber bereits einer der häufigsten Anfängerfehler. Denn gleichgültig, ob das Tier ein Wildfang ist oder eine Nachzucht, aus einem Zoofachgeschäft, von einer Börse oder einem Züchter stammt, fast alle Chamäleons sind mit Parasiten belastet. Sobald sich das Tier im Terrarium befindet, verteilt es dort die Eier, Oozysten etc. dieser Parasiten und wird sich daran erneut infizieren. Einer Aussage wie „Meine Tiere sind völlig gesund" oder „Das Tier ist schon entwurmt" sollte der Käufer niemals trauen.

Wird das Chamäleon also nicht direkt einem Tierarzt vorgestellt, sollte zumindest eine frische Kotprobe zur Untersuchung eingeschickt werden. Bis ein negativer Befund vorliegt, es wurden also keine Parasiten nachgewiesen bzw. das Tier ist erfolgreich dagegen behandelt worden, sollte das Tier in einem Quarantäneterrarium untergebracht sein. So kann man sich viel Ärger und Arbeit ersparen.

Das Reinigen eines mit Pflanzen, Rückwand etc. eingerichteten Terrariums ist praktisch unmöglich.

Dennoch sollte auch im Quarantäneterrarium alles vorhanden sein, was auch bei kurzfristigem Aufenthalt für ein Chamäleon wichtig ist: Temperatur und Licht müssen stimmen und Kletteräste sowie Versteckmöglichkeiten vorhanden sein. Hierfür eignen sich z. B. ungiftige Zweige, die der Natur entnommen und regelmäßig ausgetauscht werden. Auch andere Gegenstände oder Zeitungspapier können diesen Zweck erfüllen. Als Bodengrund sollte man Zeitungs- oder Küchenpapier verwenden und es täglich wechseln. Kot und Harn müssen umgehend entfernt werden. Bei trächtigen Weibchen ist von einer Quarantänehaltung bis zur Eiablage abzusehen, da sonst eine Legenot ausgelöst werden kann.

Vor einer Parasitenbekämpfung ist gründliches Reinigen des Terrariums von entscheidender Bedeutung. Die meisten Desinfektionsmittel sind unwirksam gegen Wurmeier und Kokzidienoozysten, daher kann auf solche Mittel eigentlich verzichtet werden. Es gibt keine „harmlosen“ Terrarienreiniger. Was immer an Putzmitteln verwendet wird, es dürfen keinerlei Rückstände im Terrarium verbleiben. Wiederholtes Ausspülen und ein Auslüften sind also unbedingt notwendig. Einrichtungsgegenstände lassen sich auch (sofern sie dies vertragen) im Backofen sterilisieren (z. B. 1 Stunde bei 100 °C) oder können intensiv mit dem Dampfreiniger oder einem Heißluftföhn behandelt werden. Wer eine Sauna besitzt, kann das gesamte Terrarium (ohne Tiere und Pflanzen) hineinstellen.

Kotuntersuchungen und Parasiten

Eine möglichst frische, idealerweise noch feuchte, Kotprobe sollte von einem auf Reptilien spezialisierten Tierarzt untersucht werden. Hierfür reicht schon eine erbsengroße Menge, bei Jungtieren auch weniger. Harnsäure, die weiße oder gelbliche Beimengung, ist für die Untersuchung nicht geeignet. In einem kleinen, dichten Gefäß kann die Probe nun schnellstmöglich zum Tierarzt gebracht oder an ein Labor gesandt werden. Weitere Informationen zum Versand solcher Proben finden Sie auf www.reptilienlabor.de.

Routinemäßig empfehlen sich eine „Nativuntersuchung“ sowie eine „Flotation“. Bei Ersterer wird die Probe unverändert mit etwas Kochsalzlösung auf einem Objektträger vermengt und mikroskopisch untersucht. Hierbei lassen sich z. B. Würmer, Wurmeier und Kokzidienoozysten finden und, sofern die Probe frisch war, z. B. auch Flagellaten und Ziliaten.

Diese Untersuchung reicht meistens schon aus, um potentielle Krankheitsverursacher zu entdecken. Bei der Flotation wird der Kot zunächst in einer konzentrierten Salzlösung aufgelöst. Wurmeier oder Oozysten beispielsweise steigen dann wegen ihrer geringen Masse nach oben und können durch mikroskopische Untersuchung eines von der Oberfläche abgenommenen Tropfens gefunden werden.

Sollte kein frischer Kot vorhanden sein, führt der Tierarzt einen Einlauf mit NaCl-Lösung durch. So kann in jedem Fall eine Kloaken- bzw. Darmspülprobe oder, im Idealfall, frischer Kot gewonnen werden. Ein sog. „Abstrich" dient im Allgemeinen der Anzucht von Bakterien oder zu einer virologischen Untersuchung und ist bei gesund erscheinenden Tieren im Normalfall nicht notwendig.

Eine prophylaktische Behandlung (auf Verdacht, ohne vorherigen Nachweis) gegen Würmer oder andere Parasiten ist unbedingt zu vermeiden. Auch wenn manche Mittel gut verträglich sind, macht es keinen Sinn, einem Tier Medikamente zu verabreichen, die es gar nicht benötigt.

Durch eine „Entwurmung" werden auch keine anderen, teilweise viel gefährlicheren, Parasiten behandelt.

Eine Kotuntersuchung sollte jeder Behandlung vorausgehen und eine evtl. Behandlung nur nach positivem Befund erfolgen. Während der Behandlungsdauer sollte das Tier „quarantänisert" werden; das Terrarium wird erst wieder vollständig eingerichtet, wenn ein negativer Kotuntersuchungsbefund den Erfolg der Therapie bestätigt hat, sonst war die ganze Mühe vergebens.

Eine Kontrolle sollte 2–3 Kotabsätze nach der letzten Behandlung erfolgen. Nach einigen Monaten, idealerweise vor einer ohnehin geplanten Terrarienreinigung, sollte der Kot erneut untersucht werden, um eine evtl. Wiederansteckung aufzudecken, denn selbst bei bester Hygiene, kann es sein, dass einzelne Wurmeier beispielsweise zwischen den Schuppen die Reinigung überdauern.

Auch bei sonstigen negativen Befunden kann man nie hundertprozentig von einer Parasitenfreiheit ausgehen.
Werden Sammelkotproben per Flotation untersucht, lässt sich der Kot eines größeren Zeitraumes kontrollieren (mit Ausnahme von z. B. Flagellaten).
Idealerweise wird frischer Kot eines Chamäleons also auch bei negativen Befunden mehrfach im Jahr untersucht.

Ein Parasitenbefall ist stets als behandlungswürdig anzusehen. Unter Terrarienbedingungen können auch „harmlose“ Parasiten durch die ständige Wiederansteckung und die deswegen erhöhte Belastung des Wirtes ernsthafte Probleme verursachen. Das Einschleppen der Parasiten erfolgt in der Regel durch das Tier selbst und nicht, wie häufig angenommen wird, über die Futtertiere (die als Insekten mit Reptilienparasiten wenig zu tun haben).

Würmer

Würmer sind sehr häufig vorkommende mehrzellige Parasiten, von denen verschiedene Arten Chamäleons befallen können. Oft sind die Wirte klinisch unauffällig, und erst bei einer Kotuntersuchung können die Wurmeier gefunden werden. Eine Behandlung ist auch in diesen Fällen ratsam.

Vorzugsweise wird für die meisten Wurmarten ein Präparat mit dem Wirkstoff Fenbendazol oder Pyrantel und Febantel verwendet und je nach Wurmart einmalig oder an 3 aufeinanderfolgenden Tagen verabreicht. Nach 10 Tagen wird die Prozedur wiederholt.

Die bei Chamäleons am häufigsten zu findenden Würmer sind Oxyuren (Madenwürmer), die schwer komplett zu eliminieren sind. Daher sollte der Befall regelmäßig kontrolliert und behandelt werden. Andere Würmer jedoch können schnell schwere gesundheitliche Probleme verursachen. Hierzu gehören die Askariden (Spulwürmer) und Filarien (Fadenwürmer). Deren Larven führen während der Entwicklung zu Parasiten beträchtlicher Größe Körperwanderungen durch und können dabei schwere Schäden verursachen. Die Larven sind unter der Haut der Chamäleons zu sehen und können von dort durch einen Tierarzt entfernt werden. Im Falle von Filarien sind im Blut die „Mikrofilarien" auffindbar.

Werden befallene Tiere nicht behandelt, sterben sie an den Folgen der durch die Larven verursachten Läsionen. Eine intensive Behandlung ist also unbedingt notwendig, auch, wenn abgetötete Würmer im Körper verbleiben und somit weitere Probleme verursachen. Je nach Wurmart sind diese Parasiten übrigens hochansteckend und können sowohl andere Chamäleons als auch andere Reptilien befallen.

Einzeller

Nicht selten sind bei Pantherchamäleons Kokzidien zu finden. Hierbei handelt es sich um Einzeller, die den Darm oder die Gallenblase besiedeln und schwere Schleimhautschäden oder Gallengangverstopfungen verursachen können. Die Behandlung erfolgt mit dem Wirkstoff Toltrazuril. Bei den schwerer zu eliminierenden Choleoeimerien kann auch eine Behandlung mit Sulfonamiden versucht werden.

Flagellaten (Geißeltierchen) sind Einzeller, die in verschiedenen Arten bei Pantherchamäleons anzutreffen sind.
Ein geringer Befall kann lange unauffällig bleiben, aber zur Vermeidung von Problemen (Kloakenentzündungen, Vorfällen bis hin zu Nierenerkrankungen mit Todesfolge) sollten sie eliminiert werden.
Dies erfolgt durch eine dreitägige Behandlung mit 50 mg/kg Metronidazol.

Für weitergehende Hinweise zum Parasitenbefall siehe am Ende dieses Kapitels.

Nierenerkrankungen und Gicht

Ein Nierenversagen ist (neben der Legenot bei weiblichen Tieren) die häufigste Todesursache bei Pantherchamäleons. Bakterielle oder parasitäre Infektionen sind eine mögliche Ursache, jedoch liegt in den meisten Fällen eine Gicht vor. Dabei handelt es sich um eine Ablagerung von Harnsäure (Urat) und somit um eine Verstopfung der Nierenkanälchen.
Harnsäure ist ein natürliches Stoffwechselprodukt, das beim Eiweißabbau in der Leber produziert und über die Nieren ausgeschieden wird. Zu geringe Flüssigkeitszufuhr und zu viel Futter, insbesondere mit Larven, begünstigen Ablagerungen von Harnsäure in der Bauchhöhle, in Gelenken und Organen und insbesondere in den Nieren. Letztere vergrößern (oder verkleinern) sich und verlieren ihre

Funktion. Die Folge sind Trägheit und ein vermindertes Allgemeinbefinden, Dehydrierung (erkennbar an eingefallenen Augen) und gelegentlich Verstopfungen durch vergrößerte Nieren. Eine Blutuntersuchung zeigt dann meist erhöhte Harnsäure- und Phosphorwerte. Oft lassen sich auch per Ultraschall Veränderungen an den Nieren erkennen. Diese Erkrankungen lassen sich nur schlecht behandeln. Sind Gelenkschwellungen vorhanden, können die Urat-Ablagerungen in vielen Fällen operativ entfernt werden, um die Beweglichkeit der Gliedmaßen zu verbessern und Schmerzen zu senken, jedoch behebt dies nicht die Grunderkrankung.

Durch erhöhte Flüssigkeitszufuhr (evtl. per Infusion) können die Nieren gespült und das Allgemeinbefinden kann verbessert werden. Die Gabe von Medikamenten, die die Harnsäurebildung verringern, kann eine Verschlimmerung vermeiden. Die Prognose ist je nach Fortschritt der Erkrankung jedoch schlecht. Daher sollte durch sparsame Fütterung und ausreichende Versorgung mit Flüssigkeit sowie Kontrolle und Bekämpfung evtl. Parasitosen (Flagellaten) einer Gicht vorgebeugt werden.

Lebererkrankungen

Neben bakteriellen Infektionen, die zu Entzündungen der Leber, Abszessen und tumorösen Neubildungen führen können, sind bei Pantherchamäleons häufig Verfettungen der Leber vorzufinden. Als Ursache liegt meist eine zu häufige Fütterung, insbesondere mit Larven, zugrunde. Wird eine Lebererkrankung, beispielsweise bei einer Blutuntersuchung, festgestellt, so bieten sich Präparate mit Silymarin (Marien-Distel-Extrakt) zur

Behandlung an. Die Fütterung sollte auf eine geringe Menge, einmal wöchentlich, reduziert werden, ein totales Fasten ist jedoch der Gesundheit der Leber nicht zuträglich.

Darm-, Kloakenerkrankungen und Vorfälle

Die häufigsten Darmerkrankungen äußern sich in Durchfall oder Verstopfung. Bei Durchfall ist meist eine parasitäre oder bakterielle Infektion ursächlich. Häufig kann auch die Verfütterung von Obst zu Durchfällen führen. Eine Behebung der Ursache ist die nötige Konsequenz. Unterstützend können Huminsäure-Quellstoffpräparate eingesetzt werden, um Darmfunktion und Kotkonsistenz zu verbessern. Verstopfungen können durch die Aufnahme von Fremdkörpern, übermäßige Fütterung, zu geringe Flüssigkeitsaufnahme sowie eine Verlegung der Kloake durch einen „Harnsäurepfropf" verursacht werden.

Das Tier sollte keinen Zugang zu Fremdkörpern haben. Werden Holz- oder Rindenstücke als Bodengrund verwendet, so kann es passieren, dass solch ein Stück zusammen mit einem Futtertier, das sich daran festklammert, aufgenommen wird.
Gelegentlich werden auch Kunststoffpflanzen verzehrt, die dann ebenfalls nur operativ zu entfernen sind. Auch zu große, verhärtete Kotmengen können, sofern sie sich nicht durch Einläufe vorsichtig lösen lassen, einen operativen Eingriff erforderlich machen. Sollte ein Pantherchamäleon länger (ca. 2 Wochen) keinen Kot absetzen, empfiehlt es sich, dass der Tierarzt einen Einlauf durchführt. Oft löst sich so auch ein großer Klumpen Harnsäure,

der die Kotpassage verhindert hatte. Weniger Futter und mehr Flüssigkeit können die beschriebenen Probleme meist vermeiden.

Kommt es zu einem Prolaps (Vorfall), einem Herausstülpen von Kloakenschleimhaut, Darm, Legedarm oder des Hemipenes, muss umgehend tierärztliches Eingreifen erfolgen. Vorher ist ein Bad in einer konzentrierten Zuckerlösung sinnvoll. Der Zucker wirkt nicht nur desinfizierend, sondern kann durch Flüssigkeitsentzug die Schwellung des Gewebes vermindern. Es sollte jedoch nicht versucht werden, mit Wattestäbchen o. Ä. das Gewebe zurückzuschieben, da es dabei zu Verletzungen oder durch Fehlpositionierung zu einer Verlegung beispielsweise des Darmausgangs kommen kann. Des Weiteren ist die Ursache des Vorfalls abzuklären und zu beheben. Neben Verstopfungen, Legenot, Entzündungen etc. kann auch ein Kalziummangel zum Prolaps geführt haben.

Legenot

Die Dystokie (Legenot) ist die Unfähigkeit, fertige Eier abzulegen, oft durch Stress (Störungen bei der Eiablage, ungeeigneter Bodengrund etc.) verursacht, meist jedoch durch Kalziummangel. Durch die Eibildung steigt der Kalziumbedarf immens, sodass eine ausreichende Kalziumversorgung und UVB-Bestrahlung zur Vermeidung von gesundheitlichen Beeinträchtigungen unbedingt sicherzustellen ist. Kalzium wird nicht nur für die Mineralisierung des Skeletts und die Bildung der Eischalen benötigt, sondern auch für jede Nervenreizweiterleitung und Muskelkontraktion.
Zeigt sich das Tier noch aktiv und in einem guten Allgemein-

zustand, ist es möglich, es durch eine Infusion mit stark verdünnter Kalziumlösung und Unterbringung in einem mit geeignetem Substrat (z. B. leicht feuchtem Kokosfaser-Sandgemisch) mit ausreichender Tiefe zur Eiablage zu bringen.

Ansonsten können Wehen nach ausreichender Kalziumversorgung durch eine Oxytocininjektion ausgelöst werden. Vorher sollte aber unbedingt mittels Ultraschall oder durch Röntgen kontrolliert werden, ob alle Eier unversehrt und legebereit sind. Ist dies nicht der Fall, kann die Gabe von Oxytocin die Situation verschlimmern und z. B. ein Austreten nicht legebereiter Eier in die Bauchhöhle sowie Vorfälle verursachen. Hier muss dann chirurgisch eingegriffen werden. Es ist empfehlenswert, nicht nur die Eier herauszunehmen, sondern das Tier zu kastrieren,

Legenot

also die Eierstöcke und Legedärme zu entfernen. So kann das Auftreten zukünftiger Probleme verhindert werden.

Pantherchamäleonhalter, die nicht unbedingt ihre Tiere vermehren wollen, können weibliche Tiere schon frühzeitig kastrieren lassen, damit diese vor Komplikationen bewahrt bleiben und die Lebenserwartung so maximiert werden kann.

Häufiger als die zuvor beschriebene klassische Legenot ist die „präovulatorische Legenot“. Hierbei sind äußerlich keine Anzeichen von Eiern zu erkennen, sondern evtl. lediglich

eine Vergrößerung des Bauchumfangs. Die Eier sind im Follikelstadium in der Entwicklung stehengeblieben und würden ohne Behandlung zwangsläufig zum Tod des Tieres führen. Eine Kastration ist in diesen Fällen unausweichlich. Bei unbefruchteten Gelegen wird die präovulatorische Legenot besonders häufig beobachtet.
In keinem Fall sollte versucht werden, die Eier oder Follikel herauszumassieren. Die Gefahr einer Verletzung des Legedarms oder Eis bzw. des Eindringens eines Eis oder der Dottermasse in die Bauchhöhle ist zu groß.

Für spezialisierte Tierärzte ist die Kastration eines Chamäleons ein schneller Routineeingriff und wird in den meisten Fällen von den Tieren sehr gut verkraftet. Daher ist die frühzeitige Entscheidung zur Operation meist die für das Tier sicherere Wahl.

Zur Vermeidung einer Legenot sollten Weibchen stressarm gehalten werden, stets ausreichend mit UVB-Strahlung (täglich Osram Ultra-Vitalux) und Kalzium (Sepiaschulp-Brösel ad libitum sowie Einstäuben der Futtertiere) versorgt werden und immer ausreichend zum Graben geeignetes Substrat zur Verfügung haben. Männchen sollten sie nur zur Paarung und dies möglichst erst ab dem 2. Lebensjahr sehen.

Hauterkrankungen

Häutungsschwierigkeiten

Bleiben mehrere Tage nach abgeschlossener Häutung Hautreste zurück, so liegt dies meist an zu trockenen Haltungsbedingungen, beispielsweise bei einer Haltung im Zimmer oder mit ungeeignetem Bodengrund, der nicht ausreichend Feuchtigkeit speichert. Vor allem im Zehenbereich ist es wichtig, Hautreste

Häutung

Häutung

zu entfernen, da es sonst zu Infektionen oder zum Absterben von Kralle und Zehe kommen kann.

Gleiches gilt für die Schwanzspitze. Lässt sich die Haut nicht leicht lösen, ist sie erst in Wasser einzuweichen. In schwereren Fällen hilft Lebertransalbe. Mit fetthaltigen Salben ist bei Chamäleons immer sehr sparsam umzugehen, da sonst weitere Hautprobleme verursacht werden können.

Für Häutungsprobleme können auch schwerere Grunderkrankungen (z. B. Rachitis und andere Mangelerkrankungen) ursächlich sein.

Verbrennungen

Die häufigsten Veränderungen an der Haut werden durch Verbrennungen verursacht. Insbesondere an exponierten Stellen, wie Rückenkamm, Ellenbogen-, Kniegelenken und Kopf kommt es zu Schädigungen der Haut, die sich zuerst als graue Verfärbungen, bei stärkerem Verlauf auch als harte dunkle Krusten darstellen.

Dabei handelt es sich um nekrotisches (abgestorbenes) Gewebe, das nach und nach vorsichtig vom Tierarzt abgenommen werden sollte. Leichte Verbrennungen lassen sich gut mit

Lebertransalbe behandeln. Je nach Ausmaß können Narben zurückbleiben, die bei zukünftigen Häutungen Probleme machen können, sodass die Haut dort vorsichtig nach Einweichen (z. B. mit feuchten Wattestäbchen oder Zellstofftüchern) abgelöst werden muss.

Vorbeugend sollte je nach Stärke des Leuchtmittels der Abstand zum Tier groß genug sein, damit es nicht zu Verbrennungen kommen kann. Chamäleonhaut kann auch bei niedrigeren Temperaturen schneller Schaden nehmen als menschliche Haut, daher wird die Gefahr hier häufig unterschätzt.

Pilzerkrankungen (Mykosen)

Es gibt verschiedene Pilze, die bei Pantherchamäleons Hauterkrankungen verursachen können. Meist äußern sich diese in Form von borkigen Wucherungen auf der Haut. Eine mikrobiologische oder histologische Diagnostik ist stets anzuraten, da auch andere Ursachen für diese Veränderungen möglich sind. Bei positivem Befund muss das Tier lokal und je nach Ausmaß auch systemisch mit Antimykotika behandelt werden. Zubildungen können ggf. mittels Laser entfernt werden.

Die Behandlung ist sehr langwierig und dauert mehrere Wochen. Als Ursache liegen meist suboptimale Haltungsbedingungen sowie Häutungsreste zugrunde.

Bakterielle Infektionen

Bakterielle Infektionen (auch in Form von Abszessen) können an den unterschiedlichsten Lokalisationen auftreten. Im Bereich der Krallen kommt es häufig zu Entzündungen, teilweise mit sichtbarer Eiterbildung, die bis zum Verlust der Krallen oder

auch der Zehen führen können. Auch in Maulwinkeln und im Hemipenes-Bereich können sich Erreger festsetzen, oft begünstigt durch gesammeltes Drüsensekret und Hautreste. Daher sind diese Stellen regelmäßig zu kontrollieren und sauber zu halten. Insbesondere die Maulwinkel sollten bei geöffnetem Maul mit einem feuchten Wattestäbchen regelmäßig von Rückständen befreit werden.
Fallen Veränderungen auf, ist es sinnvoll, das Tier einem Tierarzt vorzustellen, damit dieser beurteilen kann, ob und was für eine Behandlung notwendig ist. Kleine Veränderungen an den Krallen können oft mit einer antibiotischen Salbe behandelt werden.
Das Entfernen eventueller Eitermassen ist unbedingt regelmäßig erforderlich. Idealerweise wird ein Abstrich für eine mikrobiologische Untersuchung mit Resistenztest (zur Bestimmung des am besten geeigneten Antibiotikums) gemacht.
In schweren Fällen ist dann auch eine systemische Antibiose notwendig.

Kalziummangel und Knochenerkrankungen

Eine der häufigsten Krankheitsursachen ist eine mangelnde UVB-Bestrahlung der Tiere, die wiederum zu einem Mangel an Vitamin D_3 und somit zu schweren Kalziumstoffwechselstörungen führt.
Kalzium wird nicht nur für das Skelett, sondern auch für jede Nervenreizweiterleitung und Muskelkontraktion benötigt. Bei einem Mangel an Kalzium kommt es zu Muskelzittern, Koordinationsstörungen, schlaffem Muskeltonus und vor allem zu Knochenerweichung, die Frakturen (Knochenbrüche) begünstigt.
Betroffene Tiere sollten Infu-

sionen mit Kalziumlösung bekommen.
Die Kalziumlösung kann anschließend auch vom Halter oral zugeführt werden, wobei jedoch wegen des geschwächten Kieferknochens äußerste Vorsicht geboten ist: Ein Biss auf eine Spritze kann kaum heilbare Kieferfrakturen verursachen.
Initial darf auch einmalig Vitamin D_3 gespritzt werden, wichtiger jedoch ist die sofortige Versorgung mit UVB-Strahlung. Hierfür ist im Krankheitsfall lediglich die Osram Ultra-Vitalux 300 W geeignet.
Auch vorsorglich sollte mit diesem Leuchtmittel zusätzlich zur normalen Beleuchtung täglich eine halbe Stunde aus ca. 50 cm Abstand bestrahlt werden.
Zeigt ein weibliches Tier die beschriebenen Symptome, so ist per Ultraschall festzustellen, ob das Tier Eier produziert.
In diesem Fall sollte es nach Stabilisierung durch Infusionen und UVB-Bestrahlung kastriert werden, da eine Genesung ansonsten unwahrscheinlich ist.
Frakturen der Gliedmaßen können mit Verbänden stabilisiert werden. Hierzu sind je nach Stadium Klebebandverbände, ggf. geschient, über mehrere Wochen ausreichend.
Nach etwa 2 Wochen sollte eine Besserung bemerkbar sein. Dann ist die Prognose für eine Heilung günstig. Andernfalls kann es sein, dass der Körper sich nicht mehr erholt und eine Euthanasie leider die beste Lösung darstellt.

Zungenerkrankungen

Der ausgefeilte Zungenapparat macht Chamäleons einzigartig, doch dieser ist leider auch anfällig für Erkrankungen. Häufig sind Zungenlähmungen und Schussschwächen zu beobachten.
Diese sind meist durch Kalzium-

oder Vitaminmangel verursacht. Auch die Fütterung von einer Pinzette kann Schäden hervorrufen, da sie zu Faserrissen in der Zunge führen kann.
Wird Beute von einem Ast geschossen, kann sich die Zunge im Unglücksfall um den Ast wickeln und schweren Schaden nehmen. Manchmal ist die Zunge komplett gelähmt, sodass sie nicht mehr eingezogen werden kann und amputiert werden muss.
Gleiches ist der Fall, wenn das Tier sich selbst die Zunge irreparabel zerbeißt.
Doch auch ohne voll funktionsfähige Zunge kann ein Chamäleon noch lange leben, muss in diesem Fall jedoch per Hand oder Pinzette gefüttert werden.
Vorbeugend sollte das Futter aus einem undurchsichtigen Behälter (z. B. einem großen Joghurtbecher) angeboten werden. Bei Problemen mit der Zunge muss umgehend tierärztliche Hilfe in Anspruch genommen werden, um bleibende Schäden zu vermeiden.

Vitamin- und Mineralstoffversorgung

Da die Fütterung mit der geringen Auswahl der in der Terraristik zur Verfügung stehenden Futterinsekten zwangsläufig zu einer Unterversorgung mit Mineralstoffen und Vitaminen führen würde, sollte das Futter aufgewertet werden.
Hierzu können die Tiere mit einem hochwertigen Vitamin- und Mineralstoffpräparat bestäubt oder mit einem daraus hergestellten Brei gefüttert werden („*gut loading*").
Die Verabreichung über das Trinkwasser ist weniger sinnvoll, da Chamäleons wegen des veränderten Geschmacks evtl. weniger trinken, was zusätzliche Gesundheitsprobleme mit sich

bringen kann. Tierärztlich empfohlen wird Korvimin ZVT+Reptil. Die im Zoofachgeschäft erhältlichen Vitaminpräparate sind leider nur unzureichend konzentriert oder ungünstig zusammengesetzt. Der Einsatz guter Präparate kann den Bedarf an UVB-Bestrahlung zwar reduzieren, aber niemals ersetzen.

Auch wenn diese Präparate stets einen hohen Kalziumanteil haben, reicht dieser nicht aus, um die Tiere ausreichend zu versorgen. Neben dem Einstäuben der Futtertiere sollte zerstoßener Sepiaschulp stets in einer Schale zur Verfügung stehen. Bei Bedarf schießen sich Chamäleons Stückchen daraus.

Lungenentzündungen

Nicht selten erkranken Chamäleons an der Lunge und den Luftsäcken. Hierbei handelt es sich meist um bakterielle Infektionen. Die Erreger sind auch bei gesunden Tieren vorhanden, jedoch führen Stress und suboptimale Haltungsbedingungen zu deren Vermehrung.

Anzeichen sind Nahrungsverweigerung, Trägheit, Atmen mit offenem Maul bei tiefen Atemzügen und Schleim im Maul. Nicht alle diese Symptome müssen auftreten.

Liegen Anzeichen einer Lungenentzündung vor, sollte umgehend eine tierärztliche Untersuchung und ggf. Behandlung erfolgen, da sich der Zustand des Tieres und somit auch die Überlebenschancen sehr schnell verschlechtern können. Eine Antibiotika-Behandlung sollte am besten per Injektion eines verdünnten Präparats erfolgen. Zusätzlich sollte idealerweise ein Abstrich aus der Trachea (Luftröhre) entnommen werden, sodass untersucht werden kann, welches Antibiotikum bei Therapieversagen die beste Wahl wäre. Eine Erhöhung der Temperatur (Verzicht auf Nachtabsenkung), Inhalation (z. B. mit Kamillenteedampf) und die Gabe von Schleimlösern (Bromhexin) sowie Immunstimulanzien (Zylexis) unterstützen die Heilung.

Zwangsfütterung

Pantherchamäleons können aus unterschiedlichen Gründen die Nahrungsaufnahme verweigern (Inappetenz oder Anorexie).

Dies kann bei trächtigen Weibchen kurz vor der Eiablage normal sein, ist jedoch häufig auch ein Anzeichen für gesundheitliche Probleme.

Daher sollten inappetente Tiere nicht zwangsernährt werden, sondern es sollte die Ursache für die Nahrungsverweigerung festgestellt und beseitigt werden.

Eine Zwangsfütterung würde die Problematik in den meisten Fällen verschlimmern. Während der Behandlungszeit ist es nur in den seltensten Fällen und bei starkem Gewichtsverlust notwendig oder sinnvoll, das Tier zu ernähren.

Dies sollte im besten Fall mit einer leichtverdaulichen Flüssignahrung (z. B. Bioserin) geschehen. Insbesondere von der gutgemeinten Gabe von Larven (Wachsmaden etc.) ist abzusehen, da deren Verdauen eine weitere Belastung für den Körper darstellt.

Vor allem eine Verstopfung würde durch eine Zwangsernährung nur verschlimmert werden.

Sinnvoll ist es, alle Tiere regelmäßig (z. B. alle 2 Wochen) zu wiegen und darüber Buch zu führen, um Veränderungen des Gewichts feststellen zu können. Nimmt dies stetig ab, sollten das Tier und sein Kot untersucht werden.

Medikamenteneingabe

Wenn es einmal nötig ist (nach tierärztlicher Anweisung!), einem Chamäleon Medikamente oral einzugeben, geschieht dies am besten mithilfe einer weiteren Person. Während einer vorsichtig aber mit sicherem Griff mit einer Hand das Tier hinter dem Kopf festhält, was häufig zu einer Abwehrreaktion und einem Aufreißen des Mauls führt, kann der andere sich um die Eingabe des Medikamentes kümmern. Der Assistent kann mit der anderen Hand evtl. abwehrende Gliedmaßen fixieren. Jetzt kann beispielsweise eine 1-ml-Spritze vorsichtig in den Schlund des Tieres eingeführt werden. So wird bei langsamer Eingabe ein Ausspucken vermieden, ebenso wie ein Verschlucken, da die Öffnung der Trachea weit vorne liegt. Ein unangenehmer Würgereflex wird, anders als beim Menschen, nicht ausgelöst, sodass ein vorsichtiges tiefes Einführen einer stumpfen Kunststoffspritze unbedenklich ist. Auf Verwendung weicher Schläuche oder kurzer Aufsätze, die verschluckt werden können, sollte verzichtet werden, ebenso wie auf Hilfsmittel aus Metall, da diese bei einem eventuellen Zubeißen unangenehm für das Tier sein und deren Gebrauch Verletzungen verursachen kann.

Manche Lösungen lassen sich auch oral verabreichen, indem dem Chamäleon ein Tropfen auf die Lippen getropft wird. Nach kurzer Zeit wird es diesen ablecken und ggf. weitere Tropfen aufnehmen. Dies funktioniert mit wohlschmeckenden Flüssigkeiten (z. B. Kalziumglukonat-Lösung) selbstverständlich besser als mit bitteren Arzneimitteln, die aber zur Verbesserung der Akzeptanz mit einer geringen Menge Zuckerwasser verdünnt werden können.

Euthanasie

Euthanasie ist das Töten eines Tieres, um es von nicht heilbaren Leiden zu erlösen (griechisch: εῦ~ = leicht/gut, θάνατος = der Tod).

Nur ein Tierarzt kann die Entscheidung hierzu fällen, und das Tierschutzgesetz schreibt vor, dass auch nur dieser die Tötung durchführen darf.

Das Töten eines Reptils durch Einfrieren, auch bei langsamer Abkühlung, ist, anders als häufig von Laien angenommen, keineswegs schmerzlos und stellt einen groben Verstoß gegen das Tierschutzgesetz dar, wie der Auszug aus der Stellungnahme der Arbeitsgemeinschaft Amphibien- und Reptilienkrankheiten der DGHT e.V. (http://www.agark.de/veroeffentlichungen/euthanasie.pdf) deutlich macht.

Das Tierschutzgesetz bestimmt in § 4, Satz 1:

„Ein Wirbeltier darf nur unter Betäubung oder sonst, soweit nach den gegebenen Umständen zumutbar, nur unter Vermeidung von Schmerzen getötet werden [...].

Ein Wirbeltier töten darf nur, wer die dazu notwendigen Kenntnisse und Fähigkeiten hat.“

In § 5, Satz 1 des Tierschutzgesetzes heißt es entsprechend:

„Die Betäubung warmblütiger Wirbeltiere sowie von Amphibien und Reptilien ist von einem Tierarzt vorzunehmen.“

Die oben beschriebenen Voraussetzungen sind bei einem Tierhalter nicht gegeben, eine Tötung durch den Tierhalter selbst ist deshalb nicht zulässig.

Im Notfall (z. B. Trauma, Unfall, plötzliche massive Verschlechterung einer Grunderkrankung) muss eine tierärztliche Klinik oder Praxis mit Notdienst aufgesucht werden, um das Reptil einzuschläfern.

Auch für einen Zoofachhändler oder Großhändler gelten diesbezüglich grundsätzlich die gleichen Bedingungen wie für einen Tierhalter.

Nach derzeitigem Ausbildungsstand liegt bei einem Zoofachhändler keine Sachkunde für das Töten von Wirbeltieren vor. Eine Tötung muss unter Betäubung erfolgen.

Eine medikamentöse Betäubung steht einem Zoofachhändler ebenso wie einem Tierhalter nicht zur Verfügung.

Sektion

Verstirbt ein Tier oder wird es eingeschläfert, so kann eine Sektion wertvolle Informationen über die Krankheit geben.

Dies ist insbesondere dann sinnvoll, wenn es weitere Tiere im Bestand gibt und die Diagnose nicht sicher ist.

Hierzu darf der Tierkörper nicht eingefroren werden, sondern sollte umgehend gekühlt (2–6 °C) und an ein auf die Untersuchung von Reptilien spezialisiertes Institut geschickt werden.

Wenden Sie sich hierfür an Ihren Tierarzt (Adressen siehe Kapitel „Weitere Informationen“).

Weitere Informationen zu Parasiten sind auf den Informationsseiten tierärztlicher Labors sowie in dem empfehlenswerten Buch von Paul Schneller & Nikola Pantchev, „Parasitologie bei Schlangen, Echsen und Schildkröten“ (Edition Chimaira, 2008) nachzulesen.

Kornelis Biron

Nachwort

Im einleitenden Kapitel haben Sie erfahren, dass das Pantherchamäleon auf den Inseln Madagaskar und Mauritius beheimatet ist. Vielleicht nehmen Sie die Lektüre dieses Buches und die Betrachtung der Abbildungen zum Anlass, sich mit dem ursprünglichen Lebensraum des Pantherchamäleons zu beschäftigen.

Als dessen Mitbewohner auf Madagaskar seien stellvertretend für viele einzigartige Lebewesen die Lemuren, die Tenreks, der Lappentaucher oder der Madagaskarfrosch genannt. Immer noch werden neue Arten entdeckt.
Vom ungeheuren Reichtum der Flora und Fauna der Südsee – und auch von ihren Menschen – war bereits der französische Naturforscher Louis de Bougainville (1729–1811) fasziniert – eine für die Tropen typische Blume ist nach ihm benannt. Seine „Reise um die Welt" (Titel der deutschen Übersetzung seines Expeditionsberichts) führte ihn auch zu den Pantherchamäleons auf Mauritius.
Vielleicht nehmen Sie einmal die Aufzeichnungen des Grafen zur Hand, der viel zu unserer Kenntnis der Südsee beigetragen hat, und unternehmen so selbst eine „Forschungsreise", um das Ursprungshabitat Ihrer Pantherchamäleons noch besser kennenzulernen. Es gibt viele Möglichkeiten dazu ...

Für eine naturnahe Haltung von Tieren ist die Kenntnis ihres natürlichen Lebensraums, so bin ich überzeugt, unumgänglich. Nur wer die Lebensumstände eines Gastes, zumal die in seiner weit entfernten Heimat, gut kennt, kann sich wirklich auf ihn einstellen. Das nutzt allen Beteiligten.

Betrachten Sie Ihre Pantherchamäleons als (Dauer-)Gäste, denen Sie, im Rahmen Ihrer Möglichkeiten, den Aufenthalt bei Ihnen so angenehm wie möglich machen wollen. Das beansprucht Zeit, aber Sie bekommen sehr viel zurück.
Ich ganz persönlich verbinde mit dem Pantherchamäleon Vielfalt und Wandel. Für mich ist es ein Symbol von Leben und Lebendigkeit. Im täglichen Umgang mit meinen Tieren entdecke ich immer wieder Neues – und immer wieder neu den Reichtum der Natur.

In diesem Sinne wünsche ich Ihnen viel Freude mit Ihren Pantherchamäleons ...

Ihr Dr. Carsten Schneider

Foto: Tatjana Drewka

Danksagung

Bedanken möchte ich mich besonders bei meiner Frau Imke und meinen 3 Kindern Laura, Lena und Ben dafür, dass ich trotz Arbeit und anderer Hobbys ausreichend Zeit für die Terraristik aufbringen kann.

Außerdem gilt mein Dank Herrn Rainer Nagel für die zuverlässige Abnahme meiner Nachzuchten, zu jedem Zeitpunkt und in beliebiger Menge.

Dank auch meinen Nachbarinnen Kristina Keller und Nora Rödel, die in meiner Abwesenheit die Tiere gewissenhaft versorgen.

Mein Dank für hervorragende Unterstützung gilt auch Thorsten Geier (Projektleitung), Hans - Dieter Philippen, Kornelis Biron (Fachberatung), Katharina Feld (Buch-Design) und Bernd Ehgart (Lektorat).

Zur Vertiefung der in diesem Buch gegebenen Informationen und zum tieferen Einblick in terraristische und herpetologische Themenbereiche empfehlen sich die Mitgliedschaft in einem Verein gleichgesinnter Terrarianer sowie ein intensives Literaturstudium. Die folgenden Auflistungen sollen helfen, einen Einstieg in die Thematik zu finden, können aber natürlich nur einen kleinen Ausschnitt der vorhandenen Organisationen und Informationsquellen aufzeigen.

Vereine und Interessensgruppen

Die Deutsche Gesellschaft für Herpetologie und Terrarienkunde (DGHT e.V., Postfach 1421, Wormersdorferstr. 46–48, 53359 Rheinbach, Tel.: 02225 703 333, Fax: 02225 703 338, E-Mail: gs@dght.de; www.dght.de) ist mit über 8.000 Mitgliedern die weltweit größte Gesellschaft ihrer Art und bringt Wissenschaftler und Hobby-Herpetologen zusammen. Mitglieder erhalten vierteljährlich mindestens 3 verschiedene herpetologisch/terraristische Zeitschriften (s. u.).
Innerhalb der DGHT e.V. existiert die „Arbeitsgemeinschaft Chamäleons" als Zusammenschluss interessierter Chamäleonhalter. Die AG gibt halbjährlich eine eigene interne Zeitschrift (CHAMAELEO) heraus und veranstaltet regelmäßige Fachtagungen: www.chamaeleonag.de.

Unter www.agark.de findet sich im Bereich „Mitgliederverzeichnis" eine von der „Arbeitsgemeinschaft Amphibien- und Reptilienkrankheiten" der DGHT e.V herausgegebene, fortlaufend aktualisierte, nach PLZ-Bereichen aufgeschlüsselte Liste von Tierärzten. Die Mitglieder beschäftigen sich intensiv mit Reptilienmedizin und nehmen regelmäßig an den Tagungen der AG teil.

Weitere Informationen

Zeitschriften

REPTILIA

Terraristik-Fachmagazin, erscheint 6-mal jährlich im Natur und Tier-Verlag, An der Kleinmannbrücke 39/41, 48157 Münster,
Tel.: 0251 133 39 0, E-Mail: verlag@ms-verlag.de, www.ms-verlag.de

TERRARIA

Terraristik-Fachmagazin, erscheint 6-mal jährlich im Natur und Tier-Verlag, Kontaktdaten siehe zuvor.

DRACO

Terraristik-Themenheft (z. B. Sonderheft *Chamäleons*), erscheint 4-mal jährlich im Natur und Tier-Verlag, Kontaktdaten siehe zuvor.

Elaphe und SALAMANDRA

DGHT-Vereinszeitschriften, erscheinen 4-mal jährlich, DGHT e.V.-Geschäftsstelle, Kontaktdaten siehe zuvor.

DATZ

Aquarien- und Terrarien-Zeitschrift, erscheint monatlich im Verlag Eugen Ulmer, Wollgrasweg 41, 70599 Stuttgart, Fax: 0711 450 71 20, www.datz.de

Sauria

erscheint 4-mal jährlich, Terrariengemeinschaft Berlin e.V.,
Wolfgang Grossmann, Wulfila-Ufer 33, 12105 Berlin,
E-Mail: terrariengemeinschaft@web.de, abo@sauria.de, www.sauria.de

Tierarztadressen

Institute, die eingesandte Kotproben kostenpflichtig untersuchen und detaillierte Behandlungsvorschläge zur Vorlage beim Tierarzt erstellen:

Tierärztliche Praxis Kornelis Biron,
Beethovenstraße 6, 40233 Düsseldorf, Tel.: 0211 966 07 39,
www.reptilientierarzt.de, www.reptilienlabor.de

Da eine gedruckte Liste niemals aktuell sein kann, wird an dieser Stelle nochmals auf die ständig aktualisierte Mitgliederliste der Arbeitsgemeinschaft Amphibien- und Reptilienkrankheiten (AG ARK) der DGHT e.V. verwiesen. Die dort aufgeführten Tierärzte beschäftigen sich intensiv mit der Reptilienmedizin und nehmen regelmäßig an den Tagungen der AG teil.

Das Mitgliederverzeichnis sowie weitere Informationen finden Sie auf www.agark.de.

Artenschutzfragen

Bundesamt für Naturschutz, Konstantinstr. 110, 53179 Bonn,
Tel.: 0228 849 0, Fax: 0228 849 12 00, www.bfn.de

Verwendete und weiterführende Literatur

A. Bücher

Bundesministerium für Ernährung, Landwirtschaft und Forsten (1997) (Hrsg.), Gutachten über die Mindestanforderungen an die Haltung von Reptilien – Inhaltlich unveränderte Sonderausgabe der Deutschen Gesellschaft für Herpetologie und Terrarienkunde (DGHT e.V), Rheinbach, 75 S.

Cuvier, G. (1829), Le Règne Animal, distribué d'après son organisation, pour servir de base à l'histoire naturelle des animaux et d'introduction à l'anatomie comparée, Neuausgabe, 5 Bde., Bd. 2, Libraire Deterville et al., Paris, 406 S.

Dost, U. (2001), Chamäleons, Verlag Eugen Ulmer, Stuttgart, 95 S.

Ferguson, G.W./Murphy, J.B./Ramanamanjato, J.B. /Raselimanana, A.P. (2004), The Panther Chameleon, Krieger Publishing Company, Malabar, Florida, 125 S.

Kober, I./Ochsenbein, A. (2009), Jemenchamäleon und Pantherchamäleon, KUS-Verlag, Rheinstetten, 142 S.

Masurat, G. (2005), Vermehrung von Chamäleons, Herpeton, Verlag Elke Köhler, Offenbach, 142 S.

Müller, R./Lutzmann, N./Walbröl, U. (2007), Furcifer pardalis – Das Pantherchamäleon, 2. Auflage, Natur und Tier-Verlag, Münster, 127 S.

Necas, P. (2010), Chamäleons, bunte Juwelen der Natur, 4. Auflage, Edition Chimaira, Frankfurt / M., 366 S.

Schmidt, W. (2009), Chamaeleo calyptratus, das Jemenchamäleon, 2. Auflage, Natur und Tier-Verlag, Münster, 94 S.

Schmidt, W./Tamm, K./Walliekewitz, E. (2009), Chamäleons, Drachen unserer Zeit, 4. Auflage, Natur und Tier-Verlag, Münster, 160 S.

Schneider, C. (2007), Das Jemenchamäleon, Art für Art Serie, Natur und Tier-Verlag, Münster, 64 S.

Schneller, P./Pantchev, N. (2008), Parasitologie bei Schlangen, Echsen und Schildkröten, Edition Chimaira, Frankfurt/M., 205 S.

B. Artikel

Dickhoff, A./Dickhoff, T. (2007), Bau eines Zimmerfreigeheges für die Haltung von Jemen- und Pantherchamäleons, TERRARIA, Nr. 8, S. 24–34.

Dost, U. (2000), Das Jemenchamäleon, Chamaeleo calyptratus, DRACO, 1/2000, S. 52–56.

Esser, S./Achenbach, S. (2008), Versehentliche Naturinkubation beim Pantherchamäleon, CHAMAELEO, Mitteilungblatt der AG Chamäleons in der DGHT e.V., Nr. 37, S. 8–10.

Klaver, C./Böhme, W., (1986), Phylogeny and classification of the Chamaeleonidae (Sauria), with special reference to hemipenis morphology, BONNER ZOOLOGISCHE MONOGRAPHIEN, Nr. 22, S. 1–64.

Modry, D./Necas, P./Koudela, B. (2000), Kokzidieninfektionen bei Chamaeleo calyptratus – ein Problem der „problemlosen Art“ im Terrarium, DRACO, 1/2000, S. 57–60.

Schneider, C. (2008), Darmvorfall beim Pantherchamäleon, CHAMAELEO, Mitteilungsblatt der AG Chamäleons in der DGHT e.V., Nr. 37, S. 25–29.

Tilbury, T./Tolley, T. (2009), A re-appraisal of the systematics of the African genus Chamaeleo (Reptilia: Chamaeleonidae), ZOOTAXA, Nr. 2079, S. 57–68.

THORSTEN GEIER

Fester Panzer – weiches Herz

Der bekannte Buchautor möchte die naturnahe Haltung von Europäischen Landschildkröten anschaulich und verständlich erläutern. Dazu gibt er in seinem neuen Buch auf der Grundlage langjähriger fundierter Erfahrung eine Fülle von Ratschlägen und Hinweisen.
In einem eigenen Kapitel wendet er sich auch an unsere jüngsten Schildkrötenfreunde. Besonders sie (und ihre Eltern) möchte er für einen artgerechten Umgang mit Schildkröten gewinnen. Auch deswegen enthält das Buch viele eindrucksvolle Bilder.

2. Auflage 2008, 175 Seiten, 185 Fotos, zahlreiche Abbildungen, ab 12 J., 14,8 x 21 cm, Softcover. ISBN 978-3-9811212-2-3 , € 14,80

MONIQUE MÜLLER

Ratgeber zur Haltung von Steppenlemmingen

Die Autorin hat viele Jahre Erfahrung in artgerechter Haltung Grauer Steppenlemminge. Ausgehend von der natürlichen Lebensweise dieser liebenswerten Tiere informiert dieser Ratgeber Sie zu allem, was Sie für den täglichen Umgang mit Steppenlemmingen wissen müssen. Sie erfahren, wie Sie Lemminge artgerecht unterbringen, fit und gesund halten, beschäftigen und ernähren, zähmen und züchten, damit Sie und Ihre Lieblinge gemeinsam viel Spaß haben.

1. Auflage Mai 2010, 66 Seiten, zahlreiche Fotos, ab 10 J., 14 x 20 cm, Softcover. ISBN 978-3-9811212-3-0, € 9,80

DANIELLE ROHRER

Mein Leben als Wasserschildkröte

Gelbwangen-Schmuckschildkröte „Snubby" erzählt aus ihrem Leben und gibt Tipps zum artgerechten Umgang mit Wasserschildkröten. Wichtige Aspekte werden vorgestellt: Ernährung, Möglichkeiten der Unterbringung im Haus, Teichhaltung im Sommer, Überwinterung und Vermeidung von Krankheiten. Die Autorin schreibt in einem „lockeren Ton" aus der Sichtweise einer Wasserschildkröte und ergänzt ihre Darstellung mit persönlichen Erfahrungen und Tipps. Viele schöne Farbfotos und liebevolle Illustrationen machen dieses Buch zu einer ebenso unterhaltsamen wie lehrreichen Lektüre.

1. Auflage Dezember 2010, 82 Seiten,
viele Fotos, ab 6 J.,14,8 x 21 cm, Softcover.
ISBN 978-3-9811212-4-7, € 12,50